Rubenice Amaral da Silva
Rosane N. M. Guerra
Valério Monteiro Neto

Anacardium occidentale

AF167090

Rubenice Amaral da Silva
Rosane N. M. Guerra
Valério Monteiro Neto

Anacardium occidentale

Potencial antimicrobiano

Novas Edições Acadêmicas

Impressum / Impressão
Bibliografische Information der Deutschen Nationalbibliothek: Die Deutsche
Nationalbibliothek verzeichnet diese Publikation in der Deutschen
Nationalbibliografie; detaillierte bibliografische Daten sind im Internet über
http://dnb.d-nb.de abrufbar.
Alle in diesem Buch genannten Marken und Produktnamen unterliegen
warenzeichen-, marken- oder patentrechtlichem Schutz bzw. sind
Warenzeichen oder eingetragene Warenzeichen der jeweiligen Inhaber. Die
Wiedergabe von Marken, Produktnamen, Gebrauchsnamen, Handelsnamen,
Warenbezeichnungen u.s.w. in diesem Werk berechtigt auch ohne besondere
Kennzeichnung nicht zu der Annahme, dass solche Namen im Sinne der
Warenzeichen- und Markenschutzgesetzgebung als frei zu betrachten wären
und daher von jedermann benutzt werden dürften.

Informação biográfica publicada por Deutsche Nationalbibliothek:
Nationalbibliothek numera essa publicação em Deutsche
Nationalbibliografie; dados biográficos detalhados estão disponíveis na
Internet: http://dnb.d-nb.de.
Os outros nomes de marcas e produtos citados neste livro estão sujeitos à
marca registrada ou a proteção de patentes e são marcas comerciais
registradas dos seus respectivos proprietários. O uso dos nomes de marcas,
nome de produto, nomes comuns, nome comerciais, descrições de produtos,
etc. Inclusive sem uma marca particular nestas publicações, de forma alguma
deve interpretar-se no sentido de que estes nomes possam ser considerados
ilimitados em matérias de marcas e legislação de proteção de marcas e,
portanto, ser utilizadas por qualquer pessoa.

Coverbild / Imagem da capa: www.ingimage.com

Verlag / Editora:
Novas Edições Acadêmicas
ist ein Imprint der / é uma marca de
OmniScriptum GmbH & Co. KG
Bahnhofstraße 28, 66111 Saarbrücken, Deutschland / Niemcy
Email / Correio eletrônico: info@nea-edicoes.com

Herstellung: siehe letzte Seite /
Publicado: veja a última página
ISBN: 978-3-8417-0759-8

Zugl. / Aprovado/a pela/pelo: São Luís, Universidade Federal do Maranhão,
Teses, Doutorado,2012.

SUMÁRIO

1 INTRODUÇÃO

Anacardium occidentale L., família Anacardiaceae, árvore tropical frutífera tem se destacado entre os diversos produtos naturais utilizados popularmente, devido às suas propriedades terapêuticas. Apresenta ampla dispersão na faixa litorânea da região norte e nordeste do Brasil, onde é popularmente conhecida como "cajueiro", de grande importância econômica, devido à sua utilização na produção de sucos, geleias, sorvetes doces caseiros e industrializados, entre outras (MACIEL et al., 1986; MUROI; KUBO 1993; MAIA et al., 2000; ASSUNÇÃO; MERCADANTE, 2003; GARRUTI et al., 2006; ABULUDE et al., 2010; CABRAL, 2010). *A. occidentale* também é conhecida como cashew tree em inglês; *acaju* em francês; *merey, marañón, cajuil* em espanhol, e seus sinônimos botânicos científicos são: *Acajuba occidentalis* e *Cassuvium pomiferum* (MCLAUGHLIN et al., 2009).

A. occidentale é uma árvore de aparência exótica, troncos tortuosos, folhas glabras, flores masculinas e hermafroditas e fruto reniforme (MAZZETTO et al., 2009), a qual vem sendo também utilizada para reflorestamento, como planta ornamental e para o sombreamento (LUCENA, 2006). Embora a espécie seja considerada nativa do Brasil é também cultivada em outros países da América tropical, do México ao Peru, e, ainda, Índia, Sri Lanka, Malásia, Vietnam, Nigéria, Quênia, Tanzânia, Ivory, Moçambique e Bénin (MAIA et al., 2000; ASSUNÇÃO; MERCADANTE, 2003; OJEWOLE, 2003; TREVISAN et al., 2006; MAZZETTO et al., 2009; MICHODJEHOUN-MESTRES et al., 2009).

Em geral, as folhas, a casca do caule, a castanha (fruto), o caju (pseudofruto) e a goma do cajueiro são utilizados em decotos e infusos, especialmente a casca do caule e as folhas, para tratar diarreias, hemorragias, inflamações, acnes, diabete, asma, dor de garganta, dor de dente, estomatites, entre outras (CORREA, 1984; LUZ, 2001; BORBA; MACEDO, 2006; AISWARYA et al., 2011a).

O cultivo do caju é de grande importância socioeconômica para a região nordeste do Brasil, devido ao grande número de empregos, renda, impostos e divisas para o País (LIMA et al., 1999; AGOSTINI-COSTA et al., 2004). A castanha, o verdadeiro fruto, é o principal produto de exploração e exportação. O pseudofruto, onde a castanha está conectada é popularmente conhecido como caju e apresenta elevados teores de vitamina C e sais minerais (LIMA et al., 1999; ASSUNÇÃO; MERCADANTE, 2003; AGOSTINI-COSTA et al., 2004).

A. occidentale também apresenta um exsudato ou goma que consiste de um heteropolissacarídeo acidífero, ramificado, baixa viscosidade, cor amarelada, solúvel em água e muito utilizado nas indústrias de polímeros, cosméticos e farmacêuticas (MARQUES et al., 1992, PAULA; RODRIGUES, 1995; MENESTRINA et al., 1998; MACIEL et al., 2005; OFORIK-WAKYE et al., 2010). Uma variedade de propriedades farmacológicas é atribuída à espécie *A. occidentale*. Há estudos que atestam sua atividade antianeica (KUBO et al. 1994a), antidiabética (KAMTCHOUING et al., 1998; OJEWOLE, 2003; ALEXANDER-LINDO et al., 2004; OLATUNJI et al., 2005; TEDONG et al., 2006, 2007; SOKENG et al., 2007); antigenotóxica (BARCELOS et al., 2007a); anti-inflamatória (MOTA et al., 1985; PATIL et al., 2003; OLAJIDE et al., 2004; VANDERLINDE et al., 2009); inseticida (MARQUES et al., 1992; LAURENS et al., 1997; MENDONÇA et al., 2005; OPARAEKE; BUNMI, 2006; FARIAS et al., 2009; LOMONACO et al., 2009; MUKHOPADHYAY et al., 2010; OLIVEIRA et al., 2011); anti-helmíntica (AISWARYA et al., 2011a); antileishmania (FRANÇA et al., 1993; MOREIRA et al., 2002; BRAGA et al., 2007); antimutagênica (MELO-CAVALCANTE et al., 2003, 2005, 2008; BARCELOS et al., 2007b), antiofídica (USHANANDINI et al., 2009), antioxidante (MELO-CAVALCANTE et al., 2003; KUBO et al., 2006; TREVISAN et al., 2006; KAMATH; RAJINI, 2007; RAZALI et al., 2008; CHAVES, et al., 2010; JAISWAL et al., 2010), antitumoral (KUBO et al., 1993a), antiulcerogênica (KONAN; BACCHI, 2007), antiviral (KUDI; MYINT, 1999; GONÇALVES et al., 2005a), gastroprotetora (MORAIS et al., 2010), inibidora da β-Lactamase (BOUTTIER et al., 2002); Inibidora da α-glucosidase e aldose reductase (TOYOMIZU et al., 1993); inibidora da lipoxigenase (SHOBHA et al., 1994; HA; KUBO, 2005; KUBO et al., 2008); inibidora da Tirosinase (KUBO et al., 1994b; KASEMURA et al., 2002); moluscicida (SULLIVAN et al., 1982; CASADEI et al., 1984; KUBO et al., 1986; LAURENS et al., 1987), entre outras, incluindo a atividade antimicrobiana, objeto deste estudo.

O presente estudo se refere à revisão bibliográfica sobre a atividade antimicrobiana de *A. occidentale*, no período entre 1980 e 2011, considerando o crescente acúmulo de informações pertinentes à sua ação inibitória sobre diferentes micro-organismos e o seu potencial biotecnológico para geração de insumos a serem utilizados no controle de doenças infecciosas, sobretudo aos micro-organismos resistentes aos antibióticos existentes no mercado.

8

2 TAXONOMIA DE *ANACARDIUM OCCIDENTALE* L. (VIRBOGA, 2005)

Reino: Plantae
Divisão: Magnoliophyta
Classe: Magnoliopsida
Ordem: Sapindales
Família: Anacardiaceae
Gênero: *Anacardium*
Espécie: *Anacardium occidentale*

3 CARACTERÍSTICAS BOTÂNICAS

Há dois tipos de *Anacardium occidentale*, o chamado cajueiro comum e o cajueiro-anão-precoce (PAIVA et al., 2003). O cajueiro comum é uma árvore de aparência exótica, com copa baixa e altura entre 5 e 10 m. O caule, às vezes, um pouco reto e alto, porém geralmente, é tortuoso e baixo, conforme a natureza do terreno; apresenta ramos contorcidos. As folhas são simples, inteiras, oblongas, alternas, pecioladas, obtusas, subconvexas, onduladas e glabras. As flores são róseas, pálidas, dispostas em panículas terminais ramificadas, masculinas e hermafroditas e o fruto é reniforme, conectado ao pedúnculo ou pseudofruto comestível (CORRÊA, 1984; MAZZETTO et al., 2009) (Figura 1).

Figura 1: Fotografia de Flores (A) e folhas (B) de *Anacardium occidentale* L.
Fonte: Arquivo pessoal

O nome caju é oriundo da palavra indígena "acaiu" e corresponde ao pseudofruto formado pelo pedúnculo floral superdesenvolvido, onde a castanha está inserida, é a parte carnosa e comestível, quando maduro. O pseudofruto, muito apreciado pela sua suculência, apresenta pele cerosa e coloração que varia de amarelo a vermelho (CRUZ, 1985; LORENZI; MATOS, 2002; ASSUNÇÃO; MERCADANTE, 2003; GARRUTI et al., 2006; MAZZETTO et al., 2009) (Figura 2A).

A castanha de caju, o verdadeiro fruto, é um aquênio de comprimento e largura variável, casca coriácea, mesocarpo alveolado, contendo um líquido escuro, cáustico e inflamável, chamado de líquido da casca da castanha do caju (LCC) ou *cashew nut shell liquid* (CNSL). Na parte mais interna da castanha se localiza a amêndoa, constituída de dois cotilédones carnosos e oleosos, que compõem a parte comestível do fruto, revestida por uma película em tons avermelhados (MAZZETTO et al., 2009). Da amêndoa também pode ser extraído um óleo que pode ser utilizado como substituto do azeite de oliva (GAZZOLA et al., 2006) (Figura 2B).

Figura 2: Fotografia do pseudofruto (A), fruto (B) e folhas (C)
de *Anacardium occidentale* L. **Fonte:** Arquivo pessoal

  A. occidentale também apresenta um exsudato ou goma que consiste de um heteropolissacarídeo acidífero, ramificado, de cor amarelada e solúvel em água. A goma pode fluir naturalmente ou por incisões no tronco e nos ramos da árvore ou devido ao ataque de insetos e micro-organismos (MARQUES et al., 1992; PAULA; RODRIGUES, 1995; MENESTRINA et al., 1998, MACIEL et al., 2005; OFORIK-WAKYE et al., 2010) (Figura 3).

Figura 3: Goma extraída do tronco

(exsudato de *Anacardium occidentale* L.)

Fonte: http://www.redetec.org.br/

inventabrasil/cajuei.htm

4 ETNOFARMACOLOGIA

Todas as partes do cajueiro são popularmente utilizadas para tratamento de doenças, em decocção, infusão, extratos, entre outras formulações (CORRÊA, 1984, CARTAXO et al., 2010; AISWARYA et al., 2011a).

A casca do cajueiro é utilizada como adstringente, tônico em diversas astenias, estimulante do apetite, abortiva, contraceptiva, antisséptica vaginal e útil para cura de aftas, asmas, bronquite, cólica intestinal, debilidade muscular, diabete, diarreia, disenteria, doenças da pele, esterilidade, febre, hipertensão, inflamações da garganta, leishmaniose, malária, queimadura, sífilis, tosse, úlcera péptica, impotência, problemas genitais entre outras (LEWIS, 1980; CORRÊA, 1984; GILL; AKINWUMI, 1986; BARRETT, 1994; COE; ANDERSON, 1996; LUZ, 2001; BRAGA et al, 2007; RODRIGUES, 2007; MUSA et al., 2010).

As folhas são utilizadas para curar diarreias, estomatites, aftas, bronquite, cólicas intestinais, debilidade muscular, diabete, doenças venéreas, doenças de pele, dor de dente, estomatites, fraqueza, inflamações, leishmaniose, psoríases, tosse, verrugas, entre outras (CORRÊA, 1984; GILL; AKINWUMI, 1986; CHHABRA et al., 1987; FRANÇA et al. 1993; FLORES; RICALDER, 1996; LUZ, 2001; MOREIRA et al., 2002; BORBA; MACEDO, 2006).

O fruto é considerado tônico-excitante, digestível, afrodisíaco, anti-helmíntico e útil contra calos, debilidade em geral, diarreia, disenteria, dor de dente, eczemas, febre, impotência, lepra, perda de apetite, psoríases, úlceras, verrugas, entre outras (CORRÊA, 1984; BORBA; MACEDO, 2006). As flores, muito visitadas pelas abelhas são tônicas e afrodisíacas (CORRÊA, 1984).

O pseudofruto é empregado como excitante, sudorífero, diurético, depurativo, antissifilítico, cicatrizante, útil contra catarros crônicos, diarreia, dispepsias, icterícia, inflamações, entre outras (CORRÊA, 1984; GIRÓN et al., 1994; LUZ, 2001). A goma do cajueiro é considerada expectorante, útil contra afecções pulmonares e tosses rebeldes (CORREA, 1984). A raiz é considerada purgativa e fortalecedora do útero, útil contra doenças estomacais (CORRÊA, 1984; GIRÓN et al., 1994).

5 ATIVIDADES BIOLÓGICAS

Uma variedade de propriedades biológicas já foi detectada em extratos e compostos isolados das partes aéreas de *Anacardium occidentale*. As atividades descritas bem como as referências a elas relacionadas estão listadas na tabela 1:

Tabela 1 - Principais atividades biológicas da espécie *Anacardium occidentale*

ATIVIDADE	REFERÊNCIAS
Antiacne	(Kubo et al. 1994a)
Antidiabética	(Kamtchouing et al., 1998; Ojewole, 2003; Alexander-Lindo et al., 2004; Olatunji et al., 2005; Sokeng et al., 2007; Tedong et al., 2006; 2007; Borges et al., 2008; Silva; Guerra, 2009)
Antigenotóxica	(Barcelos et al., 2007a)
Anti-inflamatória	(Mota et al., 1985; Patil et al., 2003; Olajide et al., 2004; Vanderlinde et al., 2009)
Anti-helmíntica	(Aiswarya et al., 2011a)
Antileishmania	(França et al., 1993; Moreira et al., 2002 ; Braga et al., 2007)
Antimicrobiana	(Laurens et al., 1982; Kubo et al., 1999; Akinpelu, 2001; Araújo et al., 2005 ; Dahake et al., 2009 ; Satish et al., 2008, 2010)
Antimutagênica	(Barcelos et al., 2007b; Melo-Cavalcante et al., 2003; 2005; 2008)
Antiofídica	(Ushanandini et al., 2009)
Antioxidante	(Melo-Cavalcante et al., 2003; Kubo et al., 2006; Rodrigues et al., 2006; Sajilata; Singhal, 2006; Trevisan et al., 2006; Kamath; Rajini, 2007; Broinizi et al., 2007; 2008; Razali et al., 2008; Chaves et al., 2010; Jaiswal et al., 2010, Andrade et al., 2011, Oliveira et al., 2011)
Antitumoral	(Kubo et al., 1993a; Florêncio et al., 2007)
Antiulcerogênica	(Konan; Bacchi, 2007)
Antiviral	(Kudi; Myint, 1999; Gonçalves et al., 2005a)
Gastroprotetora	(Morais et al., 2010)
Inseticida	(Marques et al., 1992; Laurens et al., 1997; Mendonça et al., 2005; Oparaeke; Bunmi, 2006; Farias et al., 2009; Lomonaco et al., 2009; Mukhopadhyay et al., 2010; Oliveira et al., 2011)
Moluscicida	(Sullivan et al., 1982; Casadei et al., 1984; Kubo et al., 1986; Laurens et al., 1987; Souza et al., 1992)

Os estudos quanto às propriedades biológicas de *A. occidentale* têm sido realizados com extratos preparados com o fruto (HIMEJIMA; KUBO, 1991; LIMA et al., 2000; KASEMURA et al., 2002; GAITÁN et al., 2003; KUBO et al., 2003; GONÇALVES et al., 2005b; KANNAN et al., 2009), pseudofruto (MUROI et al., 1993; MUROI; KUBO, 1993; KUBO et al., 1999), folhas (LAURENS et al., 1982; MACKEEN et al., 1997; KUDI et al., 1999; SCHMOURLO et al., 2005; PEREIRA et al., 2006a; MUSTAPHA; HAFSAT, 2007; DAHAKE et al., 2009), casca (LAURENS et al., 1982; KUDI et al., 1999; AKINPELU, 2001; GONTIJO et al., 2004; ARAÚJO et al., 2005; MELO et al., 2006; PEREIRA et al., 2006b; BRAGA et al., 2007; SANTOS et al., 2007b; SILVA et al., 2007; ANJOS et al., 2009; ARAÚJO et al., 2009; SILVA et al., 2009); goma (exsudato do cajueiro) (MARQUES et al.,1992; TORQUATO et al., 2004) e com as flores (SILVA ; GUERRA, 2011).

6 COMPOSIÇÃO QUÍMICA

Do cajueiro, em geral, casca do caule, folhas, flores, frutos, pseudofruto, goma (exsudato do cajueiro) tem sido isolados diversos compostos químicos.

Compostos fenólicos como os ácidos anacárdicos, cardanóis e cardóis foram detectados em várias partes e insumos derivados de *Anacardium occidentale* como no fruto e no pseudofruto (KUBO et al., 1986; TOYOMIZU et al., 1993; PARAMASHIVAPPA et al., 2001; TREVISAN et al., 2006, SETIANTO et al., 2009; ANDRADE et al., 2011; OLIVEIRA et al., 2011). No líquido da casca da castanha do caju foram detectados compostos fenólicos, triterpenoides, óleos voláteis, xantoproteína e carboidratos (KANNAN et al., 2009. Do fruto também foram isolados antocianinas e flavonoides glicosilados (BRITO et al., 2007), β-caroteno, luteína, zeaxantina, α-tocoferol, γ-tocoferol, tiamina, ácido esteárico, ácido olêico, ácido linolêico, lipídios, sitosterol, estigmasterol, lupeol, β-amirina, catequina e epicatequina (CHAVES et al., 2010; TROX et al., 2010), fitosteróis e triacontanes (ANDRADE et al., 2011) e minerais tais como potássio, cálcio, magnésio, sódio, fósforo, zinco e ferro (AKINHANMI et al., 2008).

As características fisicoquímicas da farinha e do óleo da amêndoa da castanha também foram investigadas. Os valores médios dos parâmetros para a composição centesimal da farinha foram: 6% umidade; 4% cinzas; 37% extrato etéreo; 25% proteína bruta; 1% fibra bruta e 27% de carboidratos. O teor de ácidos graxos foi de 29%, com energia de 2242.8 KJ / 100g. Em relação a composição em minerais (mg/100g) foram encontrados: 23% Na, 38% K,

22% Ca, 36% Mg, 2% Mn, 0,5% Cu, 1% Zn, 1% Fe e 19% P. Os parâmetros para o óleo foram: cor amarelo; índice de refração 1.465; gravidade específica 0.964; acidez 0,82 ± 4mg KOH/g; índice de saponificação 168,3 ± 0,3mg KOH/g; concentração de iodo 44,4 ± 0,1mg/iodo/g; índice de peróxido 3,1 ± 0,2 e concentração de ácidos graxos livres 28,4 ± 0,1mg/g (AREMU et al., 2006).

Do pseudofruto do cajueiro foram isolados esteroides, glicosídeos, carboidratos, flavonoides, taninos, compostos fenólicos, triterpenos e saponinas (AISWARYA et al. 2011a), álcoois conjugados e ácidos cinâmicos, detectados pela primeira vez nesta espécie na fração glicosídica (BICALHO et al., 2000; BICALHO; REZENDE, 2001).

Por outro lado, Michodjehoun-Mestres et al. (2009) extrairam fenóis monoméricos de peles e polpas do pseudofruto, de quatro genótipos de cajueiros do Brasil e do Benin (África Ocidental), que foram purificados e submetidos a análise de HPLC-DAD/ESI-MS. Observaram que as peles dos pseudofrutos são mais ricas em compostos fenólicos simples que as polpas. Os flavonoides predominantes foram a miricetina e a quercetina. As antocinidinas foram detectadas em peles dos dois genotipos pigmentados dos pseudofrutos (vermelho e laranja) como peonidina, petunidina e cianidina 3-0-hexosides, mas estavam ausentes nas polpas desses pseudofrutos.

A abordagem fitoquímica detectou na casca do caule de *A. occidentale* a presença de carboidratos, taninos, glicosídeos, saponinas, resinas, flavonoides e alcaloides (ABULUDE et al. 2009, 2010). Nas folhas foram detectados a presença de carboidratos, taninos, glicosídeos, saponinas, resinas, flavonoides, alcaloides e esteróis (ABULUDE et al. 2009, 2010), e ainda, compostos fenólicos (OMOJASOLA; AWE, 2004).

Óleos essenciais de folhas, pseudofrutos e flores de cajueiro da variedade vermelha e óleos essenciais de pseudofrutos da variedade amarela foram obtidos por hidrodestilação e analisados por cromatografia gasosa associada à espectrometria de massa (CG/EM). Das folhas de cajueiro vermelho foram identificados (e)-β-ocimeno (29%), α-copaeno (14%), e δ-cadinene (9%). Do óleo dos pseudofrutos desta variedade foram identificados: ácido palmítico e ácido oléico. Nas flores foram caracterizados os seguintes compostos: β-cariofileno (26 %), salicilato de metila (13 %) e tiglate benzílico (11%) (MAIA et al., 2000).

No óleo do pseudofruto da variedade amarela foram identificados os seguintes compostos: ácido palmítico (11%), furfural (10%), ácido 4-hidroxidodecanoico lactona (8%), (e)-hex-2-enal (7%), (z)-hex-3-en-1-ol (6%), e 1-hexadecanol (6%) (MAIA et al., 2000).

A caracterização dos compostos fenólicos nos pedúnculos de *A. occidentale* detectou a presença de antocianidinas, taninos condensados e ácidos anacárdicos. Entre os flavonoides, a delfininidina foi o composto mais abundante (AGOSTINI-COSTA et al., 2000).

Maciel et al. (1986) identifcaram no suco de caju, por cromatografia gasosa acoplada a espectrometria de massa - CG/EM, compostos voláteis, na maioria ésteres, além de aldeídos, cetonas, ácidos, terpenos e enxofre. Os mesmos compostos voláteis foram detectados nos pseudofrutos de uma variedade de caju (*A. occidentale* L. *var. nanum*). Do pedúnculo do caju foram isolados componentes glicosilados, álcoois conjugados e ácidos cinâmicos, detectados pela primeira vez nesta espécie (BICALHO et al., 2000; BICALHO; REZENDE, 2001). O pedúnculo apresenta em sua composição potássio, enxofre, fósforo, magnésio, silício e alumínio (SANTOS et al., 2007a).

A goma, exsudato do cajueiro, contém em sua composição açúcares: galactose, arabinose, glicose, raminose, manose, xilose, ácido glucurônico; proteína; minerais: nitrogênio, zinco, níquel, manganês, cobre, ferro, cádmio, potássio, alumínio e silício (PINTO et al., 1995; PAULA; RODRIGUES, 1995; MENESTRINA et al., 1998; GUERRERO et al., 2003; OFORI-KWAKYE et al., 2010; OKOJIE et al., 2010).

Uma variedade de compostos foi isolada das partes aéreas de *A. occidentale*. Os compostos descritos bem como suas referências estão listados na Tabela 2.

Tabela 2 – Composição química da casca do caule, folhas, fruto, pseudofruto, flores e goma de *Anacardium occidentale*

Cajueiro	Compostos isolados	Referências
Casca do caule	Carboidratos, taninos, glicosídeos, saponinas, resinas, flavonoides, alcaloides, fenóis, oxalato, fitalato, cianeto, ferro.	Laurens et al. 1982; Mota et al. 1985; Abulude et al. 2009, 2010; Okonkwo et al. 2010; Santos et al. 2011a
Folhas	(E)-β-ocimeno, α-copaeno, δ-cadieno, taninos, saponinas, compostos fenólicos, alcaloides, esteroides, glicosídeos, flavonoides, carboidrato, resinas, fenóis	Laurens et al. 1982; Maia et al. 2000; Omojasola et al. 2004; Abulude et al. 2009, 2010; Santos et al. 2011a.
Fruto	Ácidos anacárdicos, cardol, cardanol, 2-metilcardol, ácidos graxos, aminoácidos, minerais, ácido fítico, taninos, triterpenoides, antocianina, flavonóis glicosilados, compostos fenólicos, óleos voláteis, xantoproteína, proteína, carboidrato, β-caroteno, luteína, zeaxantina	Kubo et al. 1986; Paramashivappa et al. 2001; Kumar et al. 2002; Edoga et al. 2006; Trevisan et al. 2006; Aremu et al. 2006, 2007; Aletor et al. 2007; Brito et al. 2007; Akinhanmi et al. 2008; Kannan et al. 2009; Setianto et al. 2009; Vicent et al. 2009; Gómez-Caravaca et al. 2010; Trox et al. 2010; Oliveira et al. 2011; Rodrigues et al. 2011.
Pseudofruto	Ácidos anacárdicos, ácido gálico, ácido protocatecuico, ácido cinâmico, ésteres, aldeídos, cetonas, ácidos graxos, lactonas, terpenos, norisoprenoides, hidrocarbonetos, carboidratos, taninos, carotenoides, clorofila, pectina, antocianinas, amido, minerais, vitamina C, flavonóis glicosídeos (miricetina, quercetina hexoses, pentosídeos, raminosídeos), antocianidinas glicosídeas (peonidina, petunidina, cianidina-3-o-hexosides), constituintes voláteis (ácido palmítico, ácido oléico, furfural, 4- hidroxidodecanoico ácido lactona, (E)-hex-2-enal, (Z) hex-3-enol, hexadecadol)	Muroi, Kubo, 1993; Bicalho et al. 2000; Maia et al. 2000; Bicalho; Rezende, 2001; Figueiredo et al. 2002; Assunção; Mercadante, 2003; Trevisan et al. 2006; Pereira et al. 2008; Lowor et al. 2009; Michodjehoun-Mestres et al. 2009; Sivagurunathan et al. 2010; Queiroz et al. 2011.
Goma (exsudato)	Açúcares (galactose, arabinose, glicose, raminose, manose xilose, ácido glucurônico), proteínas, minerais	Pinto et al. 1995; Paula;Rodrigues, 1995; Menestrina et al. 1998; Guerrero et al. 2003; Ofori-Kwakye et al. 2010; Okojie et al. 2010
Flores	Constituintes voláteis: β-cariofileno, metilsalicilato, tiglate benzílico	Maia et al. 2000.

17

7 PROPRIEDADES ANTIMICROBIANAS

Quanto à atividade antimicrobiana, o presente trabalho reuniu resultados publicados acerca do efeito antimicrobiano de extratos das partes aéreas e de produtos derivados de *Anacardium occidentale* sobre diferentes micro-organismos no período de 1980 a 20011. Foram utilizados como base de dados: Medline, Lilacs, Scielo, Chemical Abstracts, PubMed, Biological Abstracts, Web of Science e Highwire. A busca utilizou como descritores: *A. occidentale*, atividade antimicrobiana, atividade antibacteriana, atividade antifúngica, atividade antiviral, propriedade farmacológica, propriedade biológica e caju.

7.1 Atividade antimicrobiana da casca do caule

Os extratos de casca do caule de *A. occidentale* apresentaram ação antimicrobiana sobre bactérias Gram-positivas e Gram-negativas, tais como *Staphylococcus aureus, Escherichia coli, Klebsiella pneumoniae, Proteus morganii, Pseudomonas aeruginosa, Salmonella* sorotipo Typhi, *Sarcina lutea* e *Serratia marcescens*. Os extratos apresentaram atividade antibacteriana na concentração inibitória mínima que variou de 3,3 mg/mL a 0,33 mg/mL (LAURENS et al., 1982). Esses dados de atividade antibacteriana com extratos de casca foram confirmados por outros autores, que analisaram também a ação sobre bactérias consideradas multirresistentes aos antibióticos clássicos, tais como *S. aureus* resistente a meticilina (MRSA), *P. aeruginosa*, entre outras bactérias (KUDI et al. 1999).

Akinpelu (2001) observou que extrato metanólico de casca do caule de *A. occidentale* (20 mg/mL) apresentou largo espectro de atividade antibacteriana, pois inibiu o crescimento de: *Bacillus cereus, Bacillus stearothermophilus, Bacillus subtilis, Clostridium sporogenes, Corynebacterium pyogenes, K. pneumoniae, Micrococcus luteus, Proteus vulgares, P. aeruginosa, Pseudomonas fluorescens, Shigella dysenteriae, S. aureus* e *Enterococcus faecalis*. Entretanto não apresentou atividade sobre *Escherichia coli* e *Candida albicans*.

Atividade antifúngica *in vitro* de extrato de casca de *A. occidentale* foi demonstrada contra *Cryptococcus neoformans* na concentração mínima (CIM) de 0,625 mg/mL (BRAGA et al., 2007) e contra *Candida tropicalis* e *Candida stellatoidea* com CIM de 12,5 mg/mL, mas sem efeito sobre *Candida albicans* e *Candida krusei* (ARAÚJO et al., 2005).

Em relação aos micro-organismos associados à cárie foi detectado que o extrato hidroalcoólico da casca do caule de *A. occidentale* (4 a 50 mg/mL) tem ação sobre *Streptococcus mutans, Streptococcus mitis* e *Streptococcus sanguis*, isolados do biofilme dentário e formadores da placa supragengival (MELO et al., 2006). Segundo Pereira et al. (2006a) a ação antimicrobiana está associada à capacidade do extrato em inibir a síntese de glucano. O extrato da casca também tem atividade bactericida sobre *Streptococcus sobrinus* e *Lactobacillus casei* (ARAÚJO et al., 2009). Estes resultados sugerem que *A. occidentale* pode ser usado no controle e prevenção da cárie dentária.

Quanto aos micro-organismos resistentes aos antibióticos comerciais foi observado que o extrato hidroalcoólico da casca de caule de *A.occidentale* apresentou ação antimicrobiana sobre cepas de *S. aureus* resistentes e sensíveis à meticilina. Muitas dessas cepas apresentaram uma CIM de 1:16 correspondendo a 6,25 mg/mL do extrato. A atividade foi detectada tanto para cepa padrão como para amostras hospitalares de origem humana (SILVA et al., 2007). Efeito semelhante foi descrito em relação ao extrato metanólico que apresentou ação antimicrobiana para *Escherichia coli* e *S. aureus* na concentração que variou de 0,4 a 0,01125 mg/mL (ANJOS et al., 2009) além de ter efeitos sobre *P. aeruginosa*, *B. cereus* e *Klebsiella* sp. na concentração de 25% a 100% (SILVA et al., 2009).

Abulude et al. (2009) realizaram uma investigação fitoquímica e antimicrobiana de extratos brutos de casca *A. occidentale*. Em relação à atividade antimicrobiana, os extratos aquoso e etanólico de casca exibiram atividade antibacteriana na concentração de 4 mg/disco contra, *S. albus*, *S. aureus*, *E. faecalis*, *Streptococcus pneumoniae* e *K. pneumoniae*.

A avaliação da atividade antimicrobiana de extrato aquoso e metanólico de casca de *A. occidentale* contra *S. aureus*, *B. subtilis*, *K. pneumoniae*, *E. coli*, *Salmonella* Typhi e *C. albicans* foi realizada por Ayepola; Ishola (2009). Os resultados mostraram que o extrato metanólico da casca foi eficaz em inibir o crescimento das bactérias *S. aureus*, *Bacillus subtilis* e *Klebsiella pneumoniae* na concentração de 32 mg/mL. As bactérias *E. coli*, *Salmonella* Typhi e a levedura *C. albicans* apresentaram resistência ao extrato na mesma concentração.

Musa et al. (2011) avaliaram a atividade antibacteriana de extratos de dez espécies vegetais, entre eles, extratos de casca de *A. occidentale* usando o método de difusão em cavidades, na concentração de 100 mg/mL de extratos etanólico, clorofórmico e aquoso, sobre *E. coli*, *Salmonella* Typhi e *S. aureus*. Os resultados mostraram que o extrato aquoso foi efetivo contra *E. coli* e *Salmonella* Typhi e ineficaz contra *S. aureus*. O extrato clorofórmico foi efetivo contra *S. aureus* e ineficaz contra *E. coli*. O extrato etanólico foi mais efetivo contra *E. coli* e *Salmonella* Typhi. Esses dados indicam a presença de compostos com polaridades distintas e com atividade antimicrobiana em diferentes bactérias.

A influência dos raios-gama sobre a atividade antimicrobiana de extratos brutos de *A. occidentale*, rico em taninos foi investigada por Santos et al. (2011a). Os resultados evidenciaram que o extrato de casca na concentração de 2000 μg/disco foi ativo sobre *S. aureus, Micrococcus luteus, B. subtilis, E. faecalis, P. aeruginosa, Mycobacterium smegmatis* e *C. albicans. E. coli* e *Serratia marcescens* foram resistente ao extrato. As exposições a radiação gama causaram modificações fisicoquímica nos constituintes fenólicos dos extratos da casca do cajueiro, aumentando os níveis de taninos e a ação contra *S. aureus*, com zonas de inibição do extrato de casca de 14,33±0,58 mm (sem irradiação) e 22,33±0,58 mm (irradiado com dose de 10 kGy).

Em contraposição a vários autores que mostraram o potencial antibiótico da casca do caule de *A. occidentale*, Gontijo et al. (2004) mostraram que o extrato etanólico de casca de *Anacardium occidentale* não apresentou efeito inibidor sobre *Listeria monocytogenes* na concentração de 1 g% a 0,1g%. Dados corroborados por Santos et al. (2007b) ao avaliarem o efeito do extrato da casca (60%) sobre micro-organismos que causam endocardite bacteriana tais como *S. aureus, E. faecalis, Streptococcus* sp., *M. luteus, B. cereus, B. subtilis, E. coli, K. pneumoniae, C. albicans* e *C. tropicalis*, com fraca ação antimicrobiana apenas sobre *Candida guilliermondii*.

7.2 Atividade antimicrobiana das folhas

Os extratos de folhas de *Anacardium occidentale* apresentaram ação antimicrobiana sobre bactérias Gram-positivas e Gram-negativas, tais como *S. aureus, E. coli, K. pneumoniae, Proteus morganii, P. aeruginosa, Salmonella* Typhi, *S. lutea* e *S. marcescens*. O extrato apresentou atividade antibacteriana na concentração inibitória mínima que variou de 77 a 0,77 mg/mL (LAURENS et al., 1982).

Segundo Mackeen et al. (1997) o extrato metanólico das folhas de *A. occidentale* (32%) foi ativo sobre *B. cereus, Bacillus megaterium, P. aeruginosa, Aspergillus ochraceous* e *Cryptococcus neoformans*, mas não sobre *E. coli*. A CIM variou de 100 a 800 μg/mL e a concentração letal mínima (CLM) foi de 400 a 800 μg/mL.

A atividade antimicrobiana dos extratos éter petróleo, clorofórmico e metanólico de folhas de *A. occidentale* na concentração de 1mg/mL foi testada contra *S. aureus, E. coli, P. aeruginosa, S. marcescens, B. subtillis, K. pneumoniae* e *C. albicans*. O extrato clorofórmico exibiu potente ação antimicrobiana sobre os micro-organismos testados. *S. aureus, K. pneumoniae* e *C. albicans* foram os micro-organismos mais sensíveis ao extrato clorofórmico.

A concentração inibitória mínima do extrato clorofórmico contra todos os micro-organismos foi 0,5 mg/mL. O extrato metanólico foi fracionado em parte acetônica solúvel e insolúvel e, ambas as frações apresentaram potente ação antimicrobiana contra os micro-organismos usados no estudo. A concentração inibitória mínima da fração solúvel foi de 0,0625 mg/mL contra *S. marcescens*, *P. aeruginosa* e *C. albicans*, 0,125 mg/mL contra *S. aureus* e *B. subtillis*, 0,25 mg/mL contra *E. coli*, e *K. pneumoniae*. A concentração inibitória mínima da fração insolúvel foi de 0,0039 mg/mL contra *S. aureus*, 0,0625 mg/mL contra *S. marcescens* e de 0,125 mg/mL contra os demais micro-organismos. Já o extrato éter petróleo nenhuma atividade antimicrobiana apresentou (SATHAWANE et al.,1997).

Extratos de folhas de *A. occidentale* foram testados contra bactérias Gram-positivas e Gram-negativas tais como *E. coli*, *S. aureus*, *Enterobacter* spp., *Streptococcus pneumoniae*, *Corynebacterium pyogenes*, *E. faecalis*, *S. aureus multirresistente* (MSA), *Acinetobacter* sp., *P. multirresistente*. Os extratos apresentaram atividade antibacteriana contra *E. coli*, *S. aureus*, *Enterobacter* sp., *S. pneumoniae*, *Enterobacter* sp., *S. pneumoniae* e *P. aeruginosa multirresistente*. (KUDI et al., 1999).

Omojasola; Awe (2004) mostraram que o extrato aquoso e o etanólico de folhas de *Anacardium occidentale* apresentaram atividade antimicrobiana contra *S. aureus, E. coli, P. aeruginosa, Shigella dysenteriae, Salmonella* Typhi, sendo que o extrato etanólico foi mais ativo que o aquoso na mesma concentração de 200 mg/mL. A concentração inibitória mínima variou de 0,05 a 0,10% w/v.

O extrato de folhas de *A. occidentale* apresentou importante ação antibiótica para *C. neoformans* e nenhum efeito sobre *C. albicans* e *Trichophyton rubrum* segundo Schmourlo et al. (2005). Essa atividade antibiótica de extrato de folhas também foi evidenciada sobre linhagens de *E. coli* (LM9), *E. coli*, (LM10), *E. coli* (LM11), *S. aureus* (LM5), *Enterobacter gergoviae* (LM56) e *S. aureus* ATCC 29213 (PEREIRA et al., 2006b) e para *B. subtilis, E. coli, P. aeruginosa, C. albicans* e *Aspergillus niger* com uma concentração inibitória mínima variando de 15,62 a 31,25 µg/mL (DAHAKE et al., 2009). Os ensaios *in vitro* realizados com as frações do extrato de folhas em diferentes concentrações (1000 µl/mL, 2000 µl/mL e 5000 µl/mL) do extrato de *A. occidentale* mostraram efeito inibidor sobre *S. aureus, E. coli* e *P. aeruginosa*. Esse efeito foi especialmente observado em presença da fração clorofórmica (MUSTAPHA; HAFSAT, 2007).

Satish et al. (2008) mostraram que o extrato aquoso de folhas de *A. occidentale* apresentou atividade antibacteriana sobre *E. coli, Klebsiella* sp., *Proteus mirabilis, P. aeruginosa, Salmonella* Paratyphi *A, Salmonella* Paratyphi *B, Salmonella* Typhi, *Salmonella*

Typhimurium, *Shigella boydii, Shigella flexneri* e *S. aureus.* A concentração inibitória mínima variou 10 a 50 μg/mL. Nenhum efeito do extrato foi evidenciado contra *Citrobacter* sp., *E. faecalis* e *Shigella sonnei.* Mais tarde os autores mostraram que extratos de folhas de *A. occidentale* não foram eficazes em inibir o crescimento de *Fusarium* sp. (SATISH et al., 2009).

Abulude et al. (2009) realizaram uma investigação fitoquímica e antimicrobiana de extratos brutos de folhas de *A. occidentale.* Em relação à atividade antimicrobiana, os extratos aquoso e etanólico de folhas exibiram atividade antibacteriana na concentração de 4 mg/disco contra, *S. albus, S. aureus, E. faecalis, S. pneumoniae* e *K. pneumoniae.*

A avaliação da atividade antimicrobiana de extrato aquoso e metanólico de folhas de *A. occidentale* contra *S. aureus, Bacillus subtilis, K. pneumoniae, E. coli, S. Typhi* e *C. albicans* foi realizada por Ayepola; Ishola (2009). Os resultados mostraram que o extrato metanólico de folhas inibiu o crescimento de todos os micro-organismos testados na concentração de 32 mg/mL, enquanto que o aquoso na mesma concentração não foi eficaz sobre *S. aureus* e *C. albicans.*

Agedah et al. (2010) evidenciaram que o extrato das folhas de *A. occidentale* apresentou ação antibacteriana sobre *S. aureus* e *E. coli.* A bactéria *S. aureus* foi mais sensível ao extrato do que *E. coli.* Segundo os autores essa diferença pode ser atribuída ao fato de que, sendo *S. aureus* uma bactéria Gram-positiva não possui membrana externa em sua parede celular como a Gram-negativa *E. coli.* Essa membrana pode, provavelmente, ser responsável pela diferença no grau de sensibilidade desses micro-organismos ao extrato bruto da espécie estudada.

Satish et al. (2010), baseados no conhecimento tradicional, submeteram 48 espécies vegetais a ensaios antibacterianos *in vitro* contra os patógenos humanos *S. boydii, S. flexneri* e *S. sonnei.* As concentrações dos extratos variaram de 10 a 50%. Os resultados mostraram que entre as espécies estudadas, o extrato aquoso de folhas de *A. occidentale* apresentou atividade contra *S. boydii* e *S. flexneri* com concentrações inibitórias mínimas de 750 μg/mL e 600μg/mL, respectivamente. Nenhuma atividade do extrato foi evidenciada sobre *S. sonnei.*

A influência dos raios-gama sobre a atividade antimicrobiana de extratos brutos de *A. occidentale,* rico em taninos foi investigada por Santos et al. (2011a). Os resultados evidenciaram que o extrato de folhas na concentração de 2000 μg/disco foi ativo contra *S. aureus, M. luteus, B. subtilis, E. faecalis, M. smegmatis* e *C. albicans.* As bactérias *P. aeruginosa, E. coli* e *S. marcescens* apresentaram resistência ao extrato. As exposições a radiação gama causaram modificações físicoquímicas nos constituintes fenólicos do extrato das folhas, aumentaram os níveis de taninos e a ação contra *S. aureus*, com zonas de inibição do extrato de folhas de 11,33±0,58 mm (sem irradiação) e 19,00±1,00 mm (irradiado com dose de 10 kGy). Rajashree et al. (2011) testaram extratos aquoso, acetônico e etanólico de folhas de *A. occidentale* sobre as bactérias *M. luteus*, *S. aureus*, *Salmonella* Typhi, *K. pneumoniae*, *P. aeruginosa*, *E. coli* e sobre os fungos fitopatogênicos *Cercospora zeae maydis* e *Mycosphaerella berkeleyi*. Observaram que o extrato acetônico e o etanólico inibiram o crescimento de todas as bactérias ensaiadas. As bactérias *Salmonella* Typhi e *K. pneumoniae*, apresentaram resistência ao extrato aquoso. Os fungos fitopatogênicos foram resistentes a todos os extratos testados.

7.3 Atividade antimicrobiana do fruto

Estudos com o fruto de *A. occidentale*, realizados por Gonçalves et al. (2005b), mostraram que o extrato hidroalcoólico inibiu o crescimento de isolados clínicos *P. mirabiliis*, *S. sonnei*, *S. aureus* e *Staphylococcus* sp. coagulase (SCoN). Enquanto que algumas bactérias isoladas de focos infecciosos apresentaram resistência ao extrato (*E. coli*, *Enterobacter aerogenes*, *Streptococcus pyogenes*, *K. pneumoniae*, *Providencia* spp. e *P. aeruginosa*). Além da atividade antibacteriana, os extratos do fruto também inibiram o crescimento de fungos de origem humana, incluindo: *Aspergillus flavus*, *Aspergillus fumigatus*, *Aspergillus niger*, *Fusarium* sp. e *Curvalaria* sp. (KANNAN et al., 2009). Em conjunto esses dados indicam que o fruto pode apresentar compostos com diferentes espectros de ação antimicrobiana.

Rajashree et al. (2011) testaram extratos aquoso, acetônico e etanólico de pele da semente do fruto de *A. occidentale* contra as bactérias *M. luteus*, *S. aureus*, *Salmonella* Typhi, *K. pneumoniae*, *P. aeruginosa*, *E. coli* e sobre os fungos fitopatogênicos *C. zeae maydis* e *M. berkeleyi*. Observaram que os extratos acetônicos e etanólicos inibiram o crescimento de todas as bactérias ensaiadas, enquanto as bactérias *K. pneumoniae*, *Salmonella* Typhi e *P. aeruginosa* apresentaram resistência ao extrato aquoso. Os fungos fitopatogênicos foram resistentes a todos os extratos testados.

7.4 Atividade antimicrobiana do pseudofruto

Aiswarya et al. (2011b) avaliaram o potencial antimicrobiano de extratos aquoso e etanólico do pseudofruto de *A. occidentale* na concentração de 1mg/mL, sobre *B. cereus*

(ATCC 11778) e *K. pneumoniae* (ATCC 11298). O extrato alcoólico mostrou uma zona de inibição de 26 mm contra *B. cereus* e de 28 mm contra *K. pneumoniae* com as respectivas concentrações inibitórias mínimas de 0,08 mg/mL e 0,09 mg/mL. O extrato aquoso exibiu uma zona de inibição de 24 mm contra *B. cereus* e de 22 mm contra *K. pneumoniae* com as respectivas concentrações inibitórias mínimas de 0,06 mg/mL e 0,08 mg/mL.

O estudo sobre a análise da composição das cinzas do bagaço do pedúnculo de caju e sua atividade antifúngica contra espécies de *Fusarium*, evidenciou que a solução aquosa das cinzas na concentração de 0,20 mg/mL apresentou efeito inibidor contra *Fusarium oxysporum, Fusarium moniliforme, Fusarium lateritium* e nenhum efeito contra *Fusarium decemcellulare* (SANTOS et al., 2011b).

7.5 Atividade antimicrobiana da goma

Estudo com o exsudato do cajueiro (33%) popularmente denominado de goma, resultou na inibição do crescimento de *Aspergillus flavus, Aspergillus flavides, Aspergillus occhraceus, Aspergillus chevaliere, Aspergillus candidus, Penicillium implicatum, Penicillium* sp., *Colleotrichum musae, Verticillium* sp., *B. subtilis, Colleotrichum musae, Verticillum* sp., *B. subtilis, S. marcescens* e *S. aureus* (MARQUES et al., 1992). Em outro estudo, a goma do cajueiro na concentração que variou de 400 a 2000 µg/mL não inibiu as culturas planctônicas de *E. coli, S. aureus, Salmonella* Typhimurium, *B. cereus, Salmonella* Choleraesius, *L. monocytogenes, S. cerevisiae, Kluyveromyces marxianus, Lasiodiplodia theobramae* e *Colletotrichum* sp., porém apresentou apenas uma fraca atividade contra *S. cerevisiae* (TORQUATO et al., 2004).

7.6 Atividade antimicrobiana de compostos isolados de *Anacardium occidentale* L.

Os principais compostos fenólicos (ácidos anacárdicos: $C_{15:3}$, $C_{12:2}$, $C_{15:1}$, $C_{15:0}$; cardanóis: $C_{15:3}$, $C_{12:2}$, cardóis: $C_{15:3}$,$C_{12:2}$, $C_{15:1}$ e 2-metilcardóis: $C_{15:3}$, $C_{12:2}$), isolados do líquido da casca da castanha do caju (LCC) apresentaram ação antimicrobiana sobre *B. subtilis, Brevibacterium ammoniagenes, S. aureus* e *S. mutans*. Entretanto, os mesmos compostos não foram efetivos contra *E. aerogenes, E. coli, P. aeruginosa, Saccharomyces cerevisiae, Candida utilis* e *Penicillium chrysogenum* (HIMEJIMA; KUBO, 1991).

Os ácidos anacárdicos encontrados no fruto do cajueiro também estão presentes no pseudofruto e da mesma forma apresentam ação antimicrobiana contra várias espécies de micro-organismos. Adicionalmente, foi observado que a atividade antibacteriana dos ácidos diminui, na mesma proporção em que há redução no número de cadeias laterais duplas dos ácidos $C_{15:3}$, $C_{15:2}$ e $C_{15:1}$ (MUROI; KUBO, 1993).

A atividade antimicrobiana de 10 compostos voláteis (Car-3-eno, (E)-2-hexenal; furfural; hexanal; benzaldeído; nonanal; 2 metil-1-pentanol; limoneno; α-terpeno; β-cariofileno) do pseudofruto de *A. occidentale* foi testada contra 9 bactérias e 5 fungos. Os testes de sensibilidade mostraram que, entre os compostos testados, o (E)-2 hexanal apresentou uma maior atividade inibitória, pois foi ativo contra todos os micro-organismos testados (MUROI et al., 1993).

Kubo et al. (1993b) testaram a atividade antimicrobiana dos ácidos anacárdicos isolados do óleo da casca da castanha do caju ($C_{15:3}$,$C_{12:2}$, $C_{15:1}$ $C_{15:0}$) e dos análogos sintéticos (C_0, C_1, C_5, C_8, C_{10}, C_{12}, C_{15} e C_{20}) contra *B. subtilis, B. ammoniagenes, S. aureus, S. mutans, Propionebacterium acnes, E. aerogenes, E. coli, P. aeruginosa, S. cerevisiae, C. utilis, Pityrosporum ovale* e *P. chrysogenum*. A concentração utilizada variou de 0,78 a 800 µg/mL. Os ácidos anacárdicos $C_{15:3}$, $C_{12:2}$, $C_{15:1}$ e os análogos sintéticos C_8, C_{10} e C_{12}, apresentaram atividade inibitória sobre *B. subtilis, B. ammoniagenes, S. aureus, S. mutans* e *P. acnes*. O ácido C_{10} foi o mais potente contra *S. aureus* e o ácido C_{12} apresentou atividade antimicrobiana comparável ao ácido $C_{15:3}$ que segundo os autores, é o ácido anacárdico com atividade antimicrobiana mais potente, especialmente contra bactérias Gram-positivas.

Os testes de susceptibilidade antimicrobiana realizados com os ácidos anacárdicos $C_{15:3}$, $C_{15:2}$, $C_{12:0}$, além do ácido (E)-2-hexanal, obtidos do pseudofruto apresentaram atividade antibiótica sobre *Helicobacter pylori* (KUBO et al.,1999), o que pode representar uma alternativa para o tratamento de úlceras, uma vez que esta bactéria está associada a 80% dos casos, em países em desenvolvimento (CASTILLO-JUÁREZ et al., 2007).

A atividade antimicrobiana do líquido da casca da castanha do caju (LCC) sobre o *S. mutans* parece estar relacionada à presença de compostos com núcleos de ácido anacárdico e ao grau de insaturação das cadeias alifáticas, visto que a atividade antimicrobiana é maior quanto mais insaturada for a cadeia substituinte (GAITÁN et al., 2003). Ácidos anacárdicos isolados do líquido da casca da castanha do caju apresentaram atividade antimicrobiana sobre *S. mutans, S. aureus, C. albicans* e *C. utilis*, com concentração inibitória mínima (CIM) variando de 28,62 a 1.488,06 µg/mL. Estes compostos foram especialmente ativos sobre *S. mutans* (LIMA et al., 2000).

Os ensaios realizados com o ácido anacárdico 6-[(8Z)-8-pentadecenil] e ácido salicílico, isolados do líquido da casca da castanha de caju, e com dois derivados: (6-[8,9-epoxi pentadecanil] ácido salicílico e 6-[8,9-dihidroxipentadecanil]), foram efetivos em comprovar a ação antimicrobiana sobre *B. subtilis, Brevibacterium ammonigenes, B. thuringienis, P. acnes* e *S. mutans* (KASEMURA et al., 2002).

Segundo Kubo et al. (2003), os ácidos anacárdicos naturais ($C_{15:3}$, $C_{12:2}$, $C_{15:1}$, $C_{15:0}$ e $C_{17:1}$) isolados do líquido da casca da castanha do caju e cinco ácidos anacárdicos sintéticos análogos ($C_{5:0}$, $C_{8:0}$, $C_{10:0}$, $C_{12:0}$ e $C_{15:1}$) têm potente ação antimicrobiana contra *S. aureus* resistente a meticilina (MRSA) e *S. mutans*. Segundo os autores, todos os ácidos foram mais efetivos contra a MRSA, com variações em relação à concentração bactericida mínima (CBM). Adicionalmente, foi também observado que o ácido $C_{15:3}$ inibiu o consumo de oxigênio por bactérias presentes no trato respiratório humano, tais como *M. luteus* e *P. aeruginosa*.

8 CONSIDERAÇÕES FINAIS

Os estudos mostram que as diferentes partes do *A. occidentale* possuem atividade contra vários micro-organismos, incluindo bactérias Gram-positivas, Gram-negativas e fungos. Achado este que pode ser útil ao desenvolvimento de novos antimicrobianos. Nas últimas décadas tem ocorrido um aumento expressivo da resistência de vários patógenos bacterianos aos antimicrobianos normalmente utilizados. Portanto, é urgente e necessária a pesquisa de novos agentes antimicrobianos capazes de controlar os mecanismos de multirresistência a essas drogas (WANDERLEY et al. 2003).

A resistência aos antimicrobianos tornou-se um dos principais problemas de saúde pública no mundo, afetando todos os países desenvolvidos ou em desenvolvimento. Ela é uma consequência inevitável do uso indiscriminado de antibióticos em humanos e animais e o meio hospitalar constitui um vasto e excelente *habitat* para as bactérias adquirirem resistências aos antibióticos (SANTOS, 2004). O problema de resistência as drogas não se limita às bactérias, ao contrário, tem se estendido aos fungos patógenos tornando-se um sério problema em casos de diagnóstico de infecção fúngica, visto que há poucos antifúngicos disponíveis (CANNON et al., 2007).

Entre as principais bactérias causadoras de infecções destacam-se *S. aureus, E. coli* e *P. aeruginosa* (ARRUDA, 1998; SANTOS, 2004; KANG et al., 2005; ANDRADE et al., 2006, GALOISY-GUIBAL, 2006; PINHATI et al., 2010; CURVINEL et al., 2011). Estas foram as bactérias mais frequentemente testadas nos trabalhos avaliados. Entre os fungos *C. albicans* foi a espécie mais testada. *C. albicans* é o micro-organismo mais comumente isolado da cavidade oral e a responsável por muitas infecções fúngicas superficiais e sistêmicas (ODDS, 1994; MUZYKA, 2005). Esses achados demonstram a preocupação de pesquisadores na descoberta de antimicrobianos da flora medicinal utilizada pela população.

O material vegetal utilizado nos estudos da atividade antimicrobiana foi do Brasil, Nigéria, Índia, Cabo Verde, Malásia, Colômbia e Indonésia, sendo a maioria do Brasil. A confirmação do potencial antimicrobiano de *A. occidentale* de diferentes origens sobre uma variedade de micro-organismos é importante, visto que essa atividade está sujeita à influência de diversos fatores tais como sazonalidade, ritmo circadiano, idade ou estágio de desenvolvimento, temperatura, índice pluviométrico, radiação, estímulo mecânico e ataque de patógenos, entre outros fatores ambientais que podem influenciar na quantidade e natureza dos constituintes ativos na espécie (GOBBO-NETO; LOPES, 2007).

Muitos dos estudos que investigaram a atividade antimicrobiana de *A. occidentale* utilizaram, majoritariamente, material botânico proveniente do Brasil (61%), mesmo quando os autores eram estrangeiros. Este fato mostra que o estudo das propriedades antibióticas de *A. occidentale* tem ampla repercussão mundial, possivelmente por conta da sua potente atividade antibiótica contra micro-organismos normalmente resistentes as drogas comerciais. As partes do *A. occidentale* mais testadas foram casca do caule em 38,7% e folhas também em 38,7% dos artigos; seguido dos compostos isolados do fruto e pseudofruto em 20,5%; fruto em 6,8%; pseudofruto em 4,6% e goma 4,6% dos artigos.

A ação antimicrobiana de extratos e compostos obtidos das partes aéreas foi avaliada principalmente (66%) sobre a bactéria Gram-positiva *S. aureus,* incluindo a linhagem meticilino-resistente (MRSA). Em 89,7% das publicações os extratos foram efetivos em inibir o crescimento microbiano de ambas as bactérias. Também foi muito frequente a avaliação da ação de extratos de *A. occidentale* sobre *S. mutans* (25%) e em todas as publicações a ação antimicrobiana foi efetiva contra esta espécie bacteriana, por isso considerada como a bactéria Gram-positiva mais sensível a ação de *A.occidentale*.

E. coli foi a espécie de bactéria Gram-negativa mais utilizada nos artigos (63%), sendo também a mais resistente à ação dos extratos, conforme descrito em 37% do total dos trabalhos. Já a ação de *A. occidentale* sobre *P. aeruginosa*, bactéria também Gram-negativa foi avaliada em 43% das publicações, deste percentual 73,7% dos artigos relatou ação efetiva na inibição do crescimento bacteriano.

Em relação à utilização de fungos, a espécie *C. albicans* foi a mais testada nos estudos (23% dos artigos), sendo que em 50% desse percentual a espécie foi resistente contra a ação dos extratos de órgãos de *A. occidentale*.

Os trabalhos realizados por Gontijo et al. (2004) que testaram a eficácia de extrato de casca de *A. occidentale* e Satish et al. (2009) que avaliaram a atividade de extrato de folhas, foram as investigações que não detectaram ação antimicrobiana se contrapondo aos relatos dos demais autores aqui avaliados.

Contudo, diante do exposto e das múltiplas propriedades do *A. occidentale* L. mais estudos são necessários quanto ao seu potencial antimicrobiano, não somente, *in vitro*, como a maioria dos trabalhos estudados, mas também estudos pré-clínicos e clínicos, utilizando também outros órgãos do cajueiro, pois somente dessa forma o uso dessa espécie como insumo na produção de bioprodutos poderá ser viabilizada.

A tabela 3 resume os dados relativos aos artigos avaliados, incluindo parte da espécie utilizada, método de avaliação, espécies de micro-organismos sensíveis e não sensíveis aos extratos e/ou compostos isolados de *A. occidentale* L. e as referências no período entre 1980 e 2011.

9 CONCLUSÃO

Com base na literatura pesquisada conclui-se que a espécie *Anacardium occidentale* L. apresenta largo espectro de atividade inibitória sobre micro-organismos patogênicos, incluindo aqueles normalmente resistentes aos antibióticos disponíveis no mercado. Desta forma, as diferentes partes estudadas desse vegetal representam importantes insumos na obtenção de bioprodutos com ação antibacteriana e antifúngica. Para tanto, são necessários estudos pré-clínicos e clínicos para comprovar essa propriedade farmacológica.

Tabela 3 – Atividade antimicrobiana de *Anacardium occidentale*

Parte da espécie	Método	Micro-organismos		Referências
		Inibidos	**Não inibidos**	
	DAC	*P. morganii, P. aeruginosa, S. lutea, K. pneumoniae, S. marcescens, S. aureus, E. coli, S.Typhi*	-	Laurens et al. 1982
	DAD	*S. aureus, P. aeruginosa, E. species, S. pneumoniae, E. faecalis, A. species E. coli, S. aureus resistente a meticilina (MRSA) C. pyogenes, P. aeruginosa multirresistente*	-	Kudi et al. 1999
	DAP	*B. cereus, B. stearothermophilus, B. subtilis, C. sporogenes, C. pyogenes, K. pneumoniae, S. aureus, M. luteus, P. vulgares, P. aeruginosa, P. fluorescens, S. dysenteriae, S. faecalis*	*E. coli, C. albicans*	Akinpelu, 2001
	DAD	-	*L. monocytogenes*	Gontijo et al.2004
	DAP	*C. tropicallis, C. stellatoidea*	*C. albicans, C. krusei*	Araújo et al. 2005
	DAP	*S. mutans, S. mitis, S. sanguis*	-	Melo et al. 2006
	DAP	*S. mutans, S. mitis, S. sanguis*	-	Pereira et al. 2006a
	DAP	*C. neoformans*	*C. albicans.*	Braga et al. 2007
Casca do caule	DAD	*C. guilliermondii*	*S. aureus, E. faecalis, Streptococcus sp., M. luteus, B. cereus, B. subtilis, E. coli, K. pneumoniae, C. albicans, C. tropicalis*	Santos et al. 2007b
	DAP	*S. aureus resistente a meticilina (MRSA)*	-	Silva et al. 2007
	DAD	*S. aureus, S. albus, E.faecalis, S. pneumoniae, K. pneumoniae*	-	Abulude et al. 2009
	DC	*E. coli, S. aureus*	-	Anjos et al. 2009
	DC	*S. mutans, S. mitis, S. sanguis, S. sobrinus, L. casei*	-	Araújo et al. 2009
	DAP	*S. aureus, B. subtilis, K. pneumoniae*	*S. Typhi, E. coli, C. albicans*	Ayepola; Ishola, 2009
	DAD, DC	*E. coli, S. aureus, P. aeruginosa, B. cereus, Klebsiella sp.*	-	Silva et al. 2009
	DAP	*S. aureus, E. coli, S.Typhi*	-	Musa et al. 2011
	DAD, DA	*S. aureus, M. luteus, B. subtilis, E. faecalis, M. smegatis, C. albicans*	*E. coli, S. marcescens*	Santos et al. 2011a
Folhas	DAC	*P. morganii, P. aeruginosa, S. lútea, K. pneumoniae, S. marcescens, S. aureus, E. coli, S.Typhi*	-	Laurens et al. 1982

DAD, DC	*B. cereus, B. megaterium, P. aeruginosa, A. occhaceous, C. neoformans*	*E. coli*	Mackeen et al. 1997
DAC, DC	*E. coli, S. aureus, P. aeruginosa, S. marcescens, B. subtilis, K. pneumoniae, C. albicans*	-	Sathawane et al. 1997
DAP	*S. aureus, E.species, S. pneumoniae, E. faecalis, E. coli, P. aeruginosa multirresistente*	*C. pyogenes E. faecalis, Acinetobacter sp., P. aeruginosa*	Kudi et al. 1999
DAP, DC	*S. aureus, E. coli, P. aeruginosa, S. dysenteriae, S. Typhi*	-	Omojasola; Awe, 2004
DA	*C. neoformans*	*C. albicans, T. rubrum*	Schmourlo et al. 2005
DAD	*S. aureus, E. coli, E. gergoviae*	-	Pereira et al. 2006b
DAD	*E. coli, S. aureus, P. aeruginosa*	-	Mustapha; Hafsat, 2007
DAC, DC	*E. coli, Klebsiella sp., P. mirabilis, S. boydii, P. aeruginosa, S. paratyphi A, S. paratyphi B, S.Typhi, S. typhimuriu*	*Citrobacter sp., S. sonnei, S. faecalis*	Satish et al. 2008
DAD	*S. aureus, S. albus, E. faecalis, S. pneumoniae, K. pneumoniae*	-	Abulude et al. 2009
DAP	*S. aureus, B. subtilis, K. pneumoniae, E. coli, S. Typhi, C. albicans*	*S. Typhi, C. albicans, E. coli*	Ayepola; Ishola, 2009
DAD	*E. coli, S. aureus, P. aeruginosa, B. subtilis, C. albicans, A. niger*	*E. coli*	Dahake et al. 2009
DAD	-	*F. equiseti, F. Graminearum, F. lateritium, F. moniliforme, f. oxysporum, F. proliferatum, F. semitectum, F. solani*	Satish et al. 2009
DAD	*S. aureus, E. coli*	-	Agedah et al. 2010
DAC, DC	*S. boydii, S. flexnery*	*S. sonnei*	Satish et al. 2010
DAP	*S. aureus, M. luteus, S. Typhi, K. pneumoniae, P. aeruginosa, E. coli,*	*C. zeaef maydis, M. berkeleyi*	Rajashree et al. 2011
DAD, DA	*S. aureus, M. luteus, B. subtilis, E. faecalis, M. smegatis, C. albicans*	*E. coli, P. aeruginosa, S. marcescens*	Santos et al. 2011a
DC	*S. mutans*		Gaitán et al. , 2003
Frutos DAD	*P. mirabilis, S. sonnei, S. aureus, S. sp.coagulase*	*E. aerogenes, E. coli, S. pyogenes,*	Gonçalves et al. 2005a

Pseudofruto	DAD	A. flavus, A. fumigates, A. niger, Fusarium sp.	K.pneumoniae, P. aeruginosa, Providencia sp.	Kannan et al. 2009
	DAP	S. aureus, M. luteus, S.Typhi, K. pneumoniae, P. aeruginosa, E. coli	Curvalaria sp. C. zeaef maydis, M. berkeleyi	Rajashree et al. 2011
	DAC	B. cereus, K. pneumoniae	-	Aiswarya et al. 2011b
	DAD	F. oxysporum, F. monoliforme, F.lateritium	F. decemcellulare	Santos et al. 2011b
	DAD	A. flavus, A. flavides, A. occhraceus, A. candidus, A. chevalieri, P. implicatum, C. musae, Penicillium sp., Verticillum sp., B. subtilis, S. marcescens, S. aureus	P. steckii, P. implicatum, P. chrisogenum, P. digitatum, A. niger, A. sydowi, A. parasiticus, Achlya sp., A. pullans, C. blaskelean	Marques et al. 1992
Goma ou exsudato	DC	S. cerevisiae	S. aureus, E. coli, B. cereus, S. cerevisiae, S. Typhimurium, L. monocytogenes, L. theobramae, Colletotrichum sp., K. marxianus	Torquato et al. 2004
Compostos isolados	DC	B. subtilis, B. ammoniagenes, S. aureus, S. mutans, P. acnes	E. aerogenes, E. coli, P. aeruginosa, S. cerevisiae, C. utilis, P. chrysogenum	Himejima; Kubo, 1991
	DC	B. subtilis, B. ammoniagenes, S. aureus, S. mutans, P. acnes	E. aerogenes, E. coli, P. aeruginosa, S. cerevisiae,C. utilis, P. ovale, P. chrysogenum	Kubo et al. 1993b; Muroi; Kubo, 1993

DC	B. subtilis, B. ammoniagenes, S. aureus, S. mutans, P. acne, E. coli, P. aeruginosa, P. vulgares, E. aerogenes, S. cerevisiae, C.utilis, P. ovale, P. chrysogenum, T. mentagrophytes	-	Muroi et al. 1993
DA	H. pylori	-	Kubo et al. 1999
DAD, DC	S. mutans, S. aureus, C. albicans, C. utilis	-	Lima et al.2000
DC	B. subtilis, B. ammoniagenes, B. thuringienis subsp. Israelensis, P. acnes, S. mutans	E. aerogenes, E. coli, P. aeruginosa, P. mirabilis, P. vulgares, S. cerevisiae, C. utilis, P. ovale, P. chrysogenum	Kasemura et al. 2002
DC	S. mutans	-	Gaitán et al. 2003
DC	S. aureus resistente a meticilina (MRSA), S. mutans	-	Kubo et al. 2003

DC: Diluição em caldo; DAD: Difusão em agar/técnica do disco; DAP: Difusão em agar/técnica do poço; DA: Diluição em agar; DAC: Difusão em agar/técnica do cilindro

REFERÊNCIAS

1. Abulude, F.O., Ogunkoya, M.O, Akinjagunla, Y.S., 2010. Phytochemical screening of leaves and stem of cashew tree (*Anacardium occidentale*), Journal of Environmental, Agricultural and Food Chemistry, v.9, p.815-819.

2. Abulude, F.O., Ogunkoya, M.O., Adebote, V.T., 2009. Phytochemical and antibacterial investigations of crude extracts of leaves and stem barks of *Anacardium occidentale*. Continental Journal of Biological Sciences, v.2, p.12-16.

3. Agedah, C.E., Bawo, D.D.S., Nyananyo, B.L., 2010. Identification of antimicrobial properties of cashew, *Anacardium occidentale* L. (Family Anacardiacae). Journal of Applied Sciences and Environmental Management, v.14, p.25-27.

4. Agostini-Costa, T.S., Jales, K.A., Garruti, D.S., Padillha, V.A., Lima, J.B., Aguiar, M.J., Paiva, J.R., 2004. Teores de ácido anacárdico em pedúnculos de cajueiro Anacardium microcarpum e em oito clones de *Anacardium occidentale*var. nanum disponíveis no Nordeste do Brasil. Ciência Rural, v.34, p.1075-1080.

5. Aiswarya, G., Reza, K.H., Radhika, G., Rahul, G., Sidhaye, V., 2011a. Study for anthelminthic activity of cashew Apple (*Anacardium occidentale*) extract. International Journal of Oharmaceutical Sciences Review and Research, v.6, p.44-47.

6. Aiswarya, G., Reza, K.H., Radhika, G., Farook, S.M., 2011b. Study for antibacterial activity of cashew apple (*Anacardium occidentale*) extracts. Der Pharmacia Lettre, v.3, p.193-200.

7. Akinhanmi, T.F., Atasie, V.N., Akintokun, P.O., 2008. Chemical composition and physicochemical properties of cashew nut (*Anacardium occidentale*) oil and cashew nut shell liquid. Agricultural, Food, and Environmental Sciences, v.2, p.1-10.

8. Akinpelu, D.A., 2001. Antimicrobial activity of *Anacardium occidentale* bark. Fitoterapia, v.72, p.286-287.

9. Aletor, O., Agbede, J.O., adeyeye, S.A., Aletor, V.A., 2007. Chemical and physio-chemical characterization of the flours and oil from whole and rejected cashew nuts cultivated in Southwest Nigeria. Pakistan Journal of Nutrition, v.6, p.89-93.

10. Alexander-Lindo, R.L., Morrison, E.Y. St A., Nair, M.G., 2004. Hypoglycaemic effect of stigmast-4-en-3-one and its corresponding alcohol from bark of *Anacardium occidentale* (Cashew). Phytotherapy Research, v.18, p.403-407.

11. Andrade, D., Leopoldo, V.C., Haas, V.J., 2006. Ocorrência de bactérias multiresistentes em um centro de terapia intensiva de hospital brasileiro de emergências. Revista Brasileira Terapia Intensiva, v.18, p.27-33.

12. Andrade,T.J.A.S, Araújo, B.Q, Citó, A.M.G.L, Silva, J, Saffi, J, Richter, M.F, Ferraz, A.B. F., 2011. Antioxidant properties and chemical composition of technical Cashew Nut Shell Liquid (CNSL). Food Chemistry, v.126, p.1044-1048.

13. Anjos, G.C., Felipe, M.B.M.C., Medeiros, S.R.B., Silva, D.R., Maciel, M.A.M., 2009. Efeito antibacteriano do extrato metanólico de *Anacardium occidentale*. Fortaleza-CE – Disponível em http:/sec.sbq.org.br/cdrom/32ra/resumos/T1625-1.pdf – acessado em 24/11/2010.

14. Araújo, C.R.F. Pereira, M.S.V., Higino, J.S., Pereira, J.V., Martins, A.B., 2005. Atividade antifúngica *in vitro* da casca do *Anacardium occidentale Linn.* sobre leveduras do gênero Candida. Arquivos em Odontologia, v. 41, p.263-270.

15. Araujo, C.R.F. Pereira, J.V., Pereira, M.S.V., Alves, P.M., Higino, J., Martins, A.B, 2009. Concentração mínima bactericida do extrato do cajueiro sobre bactérias do biofilme dental. Pesquisa Brasileira de Odontopediatria e Clínica Integrada, v.9, p.187-191.

16. Aremu, M.O., Ogunlade, I., Olonisakin, A., 2007. Fatty acid and amino acid composition of protein concentrate from cashew nut (*Anacardium occidentale*) grown in Nasarawa State, Nigeria. Pakistan Journal of Nutrition, v.6, p.419-423.

17. Aremu, M. O.; Olonisakin, D. A.; Bako, D. A.; Madu, P. C., 2006. Composition studies and physicochemical characteristics of cashew nut (*Anacardium occidentale*) flour. Pakistan Journal of Nutrition, v.5, p.328-333.

18. Arruda, E.A.G., 1998. Infecção hospitalar por *Pseudomonas aeruginosa* multi-resistente: análise epidemiológica no HC-FMUSP. Revista da Sociedade Brasileira de Medicina Tropical, v.31, p.503-504.

19. Assunção, RB; Mercadante, AZ., 2003. Carotenoids and ascorbic acid from cashew apple (*Anacardium occidentale L.*): variety and geographic effects. Food Chemistry, v.81, p.495-502.

20. Ayepola, O.O., Ishola, R.O., 2009. Evaluation of antimicrobial activity of *Anacardium occidentale* (Linn.). Avances in Medicine and Dental Sciences, v.3, p.1-3.

21. Barcelos, G.R.M., Shimabukuro F., Maciel, M.A.M., Cólus, I.M.S., 2007a. Genotoxicity and antigenotoxicity of cashew (*Anacardium occidentale L.*) in V79 cells. Toxicology *in Vitro*, v.21, p.1468-1475.

22. Barcelos, G.R.M., Shimabu, F., Mori, M.P., Maciel, M.A.M., Cólus, I.M.S., 2007b. Evaluation of mutagenicity and antimutagenicity of cashew stem bark methanolic extract *in vitro*. Journal of Ethnopharmacology, v.114, p.268-273.

23. Barrett, B., 1994. Medical plants of Nicaragua's Atlantic Coast. Economic Botany, v.48, p.8-20.

24. Bicalho, B., Pereira, A. S., Aquino Neto, F. R., Pinto, A. C. Rezende, C. M., 2000. Application of high temperature gas chromatography-masspectrometry to the investigation of glycosidically bound componentes related to cashew apple (*Anacardium occidentale* L. var. Nanum) volatiles. Journal of Agriculture Food Chemistry, v.48, p.1167-1174.

25. Bicalho, B., Rezende, C. M., 2001. Volatile compounds of cashew apple (*Anacardium occidentale* L.). Zeitschrift für Naturforschung, v.56, p.35-39.

26. Borba, A. M., Macedo, M., 2006. Plantas medicinais usadas para a saúde bucal pela comunidade do bairro Santa Cruz, Chapada dos Guimarães, MT, Brasil. Acta Botanica Brasilica, v.20, p.771-782.

27. Borges, K. B.; Bautista, B. H.; Guilera, S., 2008. Diabetes: utilização de plantas medicinais como forma opcional de tratamento. Revista Eletrônica de Farmácia, v.2, p.12-20.

28. Bouttier, S., Fourniat, J., Garofalo, C., Gleye, C., Laurens, A., Hocquemiller, R. 2002. β-Lactamase inhibitors from *Anacardium occidentale*. Pharmaceutical Biology, v.40, p.231-234.

29. Braga, F.G., Bouzada, M.L.M., Fabri, R.L., Matos, M.O., Moreira, F.O., Scio, E., Coimbra, E.S., 2007. Antileishmanial and antifungal activity of plants used in traditional medicine in Brazil. Journal of Ethnopharmacology, v.111, p.396-402.

30. Brito, E. S., Araújo, M. C. P., Lin, L. Z., Harnly, J., 2007. Determination of the flavonoid components of cashew apple (*Anacardium occidentale* L.) by LC-DAD-ESI/MS. Food Chemistry, v.105, p.1112-1118.

31. Broinizi, P. R. B., Andrade-Wartha, E. R. S., Silva, A. M. O., Novoa, A. J. V., Torres, R. P., Azeredo, H. M. C., Alves, R. E., Mancini-Filho, J., 2007. Avaliação da atividade antioxidante dos compostos fenólicos naturalmente presentes em subprodutos do pseudofruto de caju (*Anacardium occidentale* L.). Ciências e Tecnologia de Alimentos, v.27, p.902-908.

32. Broinizi, P. R. B., Andrade-Wartha, E. R. S., Silva, A. M. O., Torres, R. P., Azeredo, H. M. C., Alves, R. E., Mancini-Filho, J., 2008. Propriedades antioxidantes em

subprodutodo pedúnculo de caju (*Anacardium occidentale* L.): efeito sobre a lipoperoxidação e o perfil de ácidos graxos poliinsaturados em ratos. Revista Brasileira de Ciências Farmacêuticas, v.44, p.773-781.

33. Cabral, T. M. Avaliação dos constituintes e do potencial mutagênico do material particulado oriundo do beneficiamento artesanal da castanha de caju. 2010. 108f. Tese (Doutorado) – Faculdade de Medicina da Universidade de São Paulo, São Paulo, 2010.

34. Cannon, R.D., Lamping, E., Holmes, A.R., Niimi, K., Tanable, K. Niimi, M., Monk, B.C., 2007. *Candida albicans* drug resistance – another way to cope with stress. Microbiology, v.153, p.3211-3217.

35. Cartaxo, S.L., Souza, M.M.A., Albuquerque, U.P., 2010. Medicinal plants, with bioprospecting potencial used in semi-arid northeastern Brazil. Journal of Ethnopharmacology, v.131, p.326-342.

36. Casadei, E., Bruheim, S., Latis, T., 1984. Princípios activos da casca de castanha de cajú com acção moluscocida: possível emprego no programa de luta contra a esquistossomose. Revista Médica de Moçambique, v.2, p.35-39.

37. Castillo-Juárez, I., Rivero-Cruz, F., Celis, H., Romero, I., 2007. Anti-*Helicobacter pylori* activity of anacardic acids from *Amphipterygium adstringens*. Journal of Ethnopharmacology, v.114, p.72-77.

38. Chaves, M.H., Citó, A.M.G.L., Lopes, J.A.D., Costa, D.A., Oliveira, C.A.A., Costa, A.F. Brito-Júnior, F.E.M., 2010. Total phenolics, antioxidant activity and chemical constituents from extracts of *Anacardium occidentale* L., Anacardiaceae. Brazilian Journal of Pharmacognosy, v.20, p.106-112.

39. Chhabra, S.C., Mahunnah, R.L., Mshiu, E.N., 1987. Plants used in traditional medicine in eastern Tanzania. I. Pteridophytes and angiosperms (Acanthaceae to Canellaceae). Journal of Ethnopharmacology, v.21, p.253-277.

40. Coe, F.G., Anderson, G.J., 1996. Ethnobotany of the Garifuna of Eastern Nicaragua. Economic Botany, v.50, p.71-107.

41. Corrêa, M. P., 1984. Dicionário das plantas úteis do Brasil e das exóticas cultivadas. Rio de Janeiro: Instituto Brasileiro de Desenvolvimento Florestal, p.400-402,

42. Cruvinel, A. R., Silveira, A, R., Soares, J. S., 2011. Perfil antimicrobiano de *Staphylococcus aureus* isolado de pacientes hospitalizados em UTI no Distrito Federal. Cenarium Pharmacêutico, v.4, p.1-11.

43. Cruz, G. Dicionário de Plantas úteis do Brasil. Rio de Janeiro: Ed. Civilização Brasileira, 1985. p.139.

44. Dahake, A.P., Joshi, V.D., Joshi, A.B., 2009. Antimicrobial screening of different extract of *Anacardium occidentale* Linn. Leaves. International Journal of Chem Tech Research, v.1, p.856-858.

45. Edoga, M.O., Fadipe, L., Edoga, R.N., 2006. Extraction of polyphenols from cashew nut shell. Leonardo Eletronic Journal of Practices and Technologies, v.9, p.107-112.

46. Farias, D.F. Cavalheiro, M.G., Viana, S.M., De Lima, G.P.G., Da Rocha-Bezerra, L.C.B., Ricardo, N.M.P.S., Carvalho, A.F.U., 2009. Insecticidal action of sodium anacardate from Brazilian cashew nut shell liquid against Aedes aegypti. Journal of the American Mosquito Control Association, v.25, p.386-389.

47. Figueiredo, R.W., Lajolo, F.M., Alves, R.E., Filgueiras, H.A.C., 2002. Physical-chemical changes in early dwarf cashew pseudofruits during development and maturation. Food Chemistry, v.77, p.343-347.

48. Flores, J.S., Ricalder, R.V., 1996. The secretion and exudates of plants used in Mayan tradicional medicine. Journal Herbs Spices and Medicinal Plants, v.4, p.53-59.

49. França, F., Cuba, C.A.C., Moreira, E.A., Miguel, O., Almeida, M., Virgens, M.L., Marsden, P.D., 1993. Avaliação do efeito do extrato de casca de cajueiro branco (*Anacardium occidentale* L.) sobre a infecção por *Leishmania* (*Viannia*) brasiliensis. Revista da Sociedade Brasileira de Medicina Tropical, v.26, p.151-155.

50. Florêncio, A. P. S., Melo, J. H. L., Mota, C. R. F. C., Melo-Júnior, M. R., Araújo, R. V. S., 2007. Estudo da atividade anti-tumoral do polissacarídeo (PJU) extraído de *Anacardium occidentale* frente a um modelo experimental do sarcoma 180. Revista Eletrônica de Farmácia, v.4, p.61-65.

51. Gaitán, S., Rico, Y., Medina, R., Segura, R., 2003. Efecto de la temperatura de industrilización de la nuez de marañón en la actividad antibacteriana en *S.mutans* del líquido de la cáscara (LCNM). Revista Colombiana de Química, v.32, p.103-112.

52. Galoisy-Guibal, L., Soubirou, J. L., Desjeux, G., Dusseau, J.Y., Eve, O., Escarment, J., Ecochard, R., 2006. Screening for multidrug-resistant bacteria as a predictive test for subsequent onset of nosocomial infection. Infection Control and Hospital Epidemiology, v.27, p.1233-1241.

53. Garruti, D.S., Franco, M.R.B., Silva, M.A.A.P., Janzantti, N.S., Alves, G.L., 2006. Assessment of aroma impact compounds in a cashew apple-based alcoholic beverage

by GC-MS and GC-olfactometry.LWT-Food Science and Technology, v.39, p.372-377.

54. Gazzola, J., Gazzola, R., Coelho, C. H. M., Wander, A. L., Cabral, J. E. O.,2006. A amêndoa da castanha-de-caju: composição e importância dos ácidos graxos – produção e comércio mundiais. XLIV Congresso da Sociedade Brasileira de Economia e Sociologia Rural, p.1-14.

55. Gill, L.S., Akinwumi, C., 1986. Nigerian folk medicine: practices and beliefs of the ondo people. Journal of Ethnopharmacology, v.18, p.259-266.

56. Girón, L.M., Freire, V., Alonzo, A., Cáceres, A., 1994. Ethnobotanical survey of the medicinal flora used by the Caribs of Guatemala. Journal of Ethnopharmacology, v.48, p.8-20.

57. Gobbo-Neto, L., Lopes, N., 2007. Plantas medicinais: fatores de influência no conteúdo de metabólitos secundários. Química Nova v.30, p.374-381.

58. Gómez-Caravaca, A.M., Verardo, V., Caboni, M.F., 2010. Chromatographic techniques for the determination of alkyl-phenols, tocopherols and other minor compounds in rawand roasted cold pressed cashew. Journal of Chromatography A, v.1217, p.7411-7417.

59. Gonçalves, J.L.S., Lopes, R.C., Oliveira, D.B., Costa, S,S., Miranda, M.M.F.S., Romanos, M.T.V, Santos, N.S.O., Wigg, M.D., 2005a. *In vitro* anti-rotavirus activity of some medicinal plants used in Brazil against diarrhea. Journal of Ethnopharmacology, v.99, p.403-407.

60. Gonçalves, A.L., Alves Filho, A., Menezes, H., 2005b. Estudo comparativo da atividade antimicrobiana de extratos de algumas árvores nativas. Arquivos do Instituto Biológico, v.72, p.353-358.

61. Gontijo, F.A., Baldassi, L., Bach, E.E., 2004. Efeito do extrato de *Anacardium occidentale* sobre o desenvolvimento de *Listeria monocytogenes*. Arquivos do Instituto Biológico, v.71 (Supl), p.1-749.

62. Guerrero, R., Rincón F., Clamens, C., Pinto, G.L., 2003. Parámetros analíticos de la goma de *Anacardium occidentale* L. y su potencial industrial. Boletín Del Centro de Investigaciones Biológicas, v.37, p.44-55.

63. Ha, T.J., Kubo, I., 2005. Lipoxygenase inhibitory activity of anacardic acids. Journal of Agricultural and Food Chemistry, v.53, p.4350-4354.

64. Himejima, M., Kubo, I., 1991. Antibacterial agents from the cashew *Anacardium occidentale* (Anacardiaceae) nut shell oil. Journal of Agricultural and Food Chemistry, v.39, p.418-421.

65. Jaiswal. Y.S., Tatke, P.A., Gabhe, S.Y., Vaidya, A., 2010. Antioxidant activity of various extracts of leaves of *Anacardium occidentale* (Cashew). Research Journal of Pharmaceutical Biological Chemical Science, v.4, p.112-119.

66. Kamath, V., Rajini, P.S., 2007. The efficacy of cashew nut (*Anacardium occidentale* L.) skin extract as a free radical scavenger. Food Chemistry, v.103, p.428-433.

67. Kamtchouing, P., Sokeng, S.D., Moundipa, P.F., Watcho, P., Jatsa, H.B., Lontsi, D., 1998. Protective role of *Anacardium occidentale* extract against streptozotocin-induced diabetes in rats. Journal of Ethnopharmacology, v.62, p.95-99.

68. Kang, H. Y., Jeong, Y. S., Oh, J. Y., Tae, S. H., Choi, C. H., Moon, D. C., Lee, W. K., Lee, Y. C., Seol, S. Y., Cho, D. T., Lee, J. C., 2005. Characterization of antimicrobial resistance and class 1 integrons found in Escherichia coli isolates from humans and animals in Korea. Journal of Antimicrobial Chemotherapy, v.55, p.639–644.

69. Kannan, V.R., Sumathi, C.S., Balasubramanian, V., Ramesh, N., 2009. Elementary chemical profiling and antifungal properties of cashew (*Anacardium occidentale* L.) nuts. Botany Research International, v.2, p.253-257.

70. Kasemura, K., Nomura, M., Tada, T., Fujihara, Y., Shimomura, K., 2002. Antimicrobial and tyrosinase inhibitory activities of 6-[(8Z)-8-Pentadecenyl] salicylic acid derivatives. Journal of Oleo Science, v.51, p.637-642.

71. Konan, N.A., Bacchi, E.M., 2007. Antiulcerogenic effect and acute toxicity of a hydroethanolic extract from the cashew (*Anacardium occidentale* L.) leaves. Journal of Ethnopharmacology, v.112, p.237-242.

72. Kubo, I., Komatsu, S., Ochi, M., 1986. Molluscicides from the cashew *Anacardium occidentale* and their large-scale isolation. Journal of Agricultural and Food Chemistry, v.34, p.970-973.

73. Kubo, I., Ochi, M., Vieira, P.C., Komatsu, S., 1993a. Antitumor agents from the cashew (*Anacardium occidentale*) apple juice. Journal of Agricultural and Food Chemistry, v.41, p.1012-1015.

74. Kubo, I., Muroi, H., Kubo A., Himejima, M., 1993b. Structure-antibacterial activity relationships of anacardic acids. Journal of Agricultural and Food Chemistry, v.41, p.1016-1019.

75. Kubo, I., Muroi, H., Kubo A., 1994a. Naturally occurring antiacne agents. Journal of Natural Products, v.57, p.9-17.

76. Kubo, I., Kinst-Hori, I., Yokokawa, Y., 1994b. Tyrosinase inhibitors from *Anacardium occidentale* fruits. Journal of Natural Products, v.57, p.545-551.

77. Kubo, J., Lee, J.R., Kubo, I., 1999. Anti-*Helicobacter pylori* agents from the cashew apple. Journal of Agricultural and Food Chemistry, v.47, p.533-537.

78. Kubo, I., Nihei, K., Tsujimoto, K., 2003. Antibacterial action of anacardic against methicillin resistant *Staphylococcus aureus* (MRSA). Journal of Agricultural and Food Chemistry, v.51, p.7624-7628.

79. Kubo, I., Masuoka, N., Ha, T.J., Tsujimoto, K., 2006. Antioxidant activity of anacardic acids. Food Chemistry, v.99, p.555-562.

80. Kubo, I., Ha, T.J., Tsujimoto, K., Tocoli, F.E., Green, I.R., 2008. Evaluation of lipoxygenase inhibitory activity of anacardic acids. Zeitschrift für Naturforschung, v.63 [c], p.539-546.

81. Kudi, A.C., Umoh, J.U., Eduvie, L.O., Gefu, J., 1999. Screening of some Nigerian medicinal plants for antibacterial activity. Journal of Ethnopharmacology, v. 67, p.225-228.

82. Kudi, A.C., Myint, S.H., 1999. Antiviral activity of some Nigerian medicinal plant extracts. Journal of Ethnopharmacology, v.68, p.289-294.

83. Kumar, P.P., Paramashivappa, R., Vithayathil, P.J., Rao, P.V.S., Rao, A.S., 2002. Process for isolation of cardanol from technical cashew (*Anacardium occidentale* L) nut shell liquid. Journal of Agricultural and Food Chemistry, v.50, p.4705-4708.

84. Laurens, A., Mboup, S., Giono-Barber, P., Sylla, O., David-Prince, M., 1982. Étude de l'action antibactérienne d'extraits d'*Anacardium occidentale* L. Annales Pharmaceutiques Françaises, v.40, p.143-146.

85. Laurens, A., Belot, J., Delorme, C., 1987. Activité molluscicide de l'*Anacardium occidentale* L. (Anacardiacées). Annales Pharmaceutiques Françaises, v.45, p.471-473.

86. Laurens, A., Fourneau, C., Hocquemiller, R., Cavé, A., Borles, C., Loiseau, P.M., 1997. Antivectorial activities of cashew nut shell extracts from *Anacardium occidentale* L. Phytotherapy Research, v.11, p.145-146.

87. Lewis, R. A., 1980. Herbal medicine in West Africa. Trends Pharmacological Sciences, v.1, p.7-8.

88. Lima, J.R Silva, M.A.A.P., Gonçalves, L.A.G., 1999. Caracterização sensorial de amêndoas de castanha-de-caju fritas e salgadas. Ciências e Tecnologia de Alimentos, v.19, p.123-126.

89. Lima, C.A.A., Pastore, G.M., Lima, D.P.A., 2000. Estudo da atividade antimicrobiana dos ácidos anacárdicos do óleo da casca da castanha de caju (CNSL) dos clones de cajueiro-anão-precoce CCP-76 e CCP-09 em cinco estágios de maturação sobre microrganismos da cavidade bucal. Ciência e Tecnologia de Alimentos, v.20, p.358-362.

90. Lomonaco, D., Santiago, G. M. P., Ferreira, Y. S., Arriaga, A. M. C., Mazzetto, S. E., Mele, G., Vasapollo, G., 2009. Study of tecnical CNSL and its main components as new green larvicides. Green Chemistry, v.11, p.31-33.

91. Lorenzi, H.; Matos, F. J. A. Plantas medicinais no Brasil: nativas e exóticas cultivadas. 2. ed. Nova Odessa, São Paulo. Instituto Plantarum de Estudos da Flora Ltda, 2002. p. 49-50.

92. Lowor, S.T., Agyente-Badu, C.K., 2009. Mineral and proximate composition of cashew apple (*Anacardium occidentale* L.) juice from Northern Savannah, Forest and Coastal Savannah regions in Ghana. Americam Journal of Food Technology, v.4, p.154-161.

93. Lucena, V. M. X. Diversidade genética entre genótipos de cajueiro (Anacardium occidentale L.) e qualidade do fruto e pseudofruto. 2006. 91f. Dissertação (Mestrado em Recursos Naturais) – Universidade Federal de Roraima, Boa Vista, 2006.

94. Luz, F.J.F., 2001. Plantas medicinais de uso popular em Boa Vista, Roraima, Brasil. Horticultura Brasileira, v.19, p.88-96.

95. Maciel, M.I., Hansen, T.J., Aldinger, S.B., Labows, J.N., 1986. Flavor chemistry of cashew apple juice. Journal of Agricultural and Food Chemistry, v.34, p.923-927.

96. Maciel, J.S., Silva, D.A., Paula, H.C.B., de Paula, R.C.M., 2005. Chitosan/carboxymethyl cashew gum polyelectrolyte complex: synthesis and thermal stability. European Polymer Journal, v.41, p.2726-2733.

97. Mackeen, M.M., Ali, A.M., El-Sharkawy, S.H., Manap, M.Y., Salleh, K.M., Lajis, N.H., Kawazu, K., 1997. Antimicrobial and cytotoxic properties of some Malaysian traditional vegetables (Ulam). International Journal of Pharmacognosy, v.35, p.174-178.

98. Maia, J.G.S., Andrade, E.H.A., Zoghbi, M.G.B., 2000. Volatile constituents of the leaves, fruits and flowers of cashew (*Anacardium occidentale*). Journal of Food Composition and Analysis, v.13, p.227-232.

99. Marques, M.R., Albuquerque, L.M.B., Xavier-Filho, J.,1992. Antimicrobial and insecticidal activities of cashew tree gum exudate. Annals Applied Biology, v.121, p.371-377.

100. Mazzetto, S.E., Lomonaco, D., Mele, G., 2009. Óleo da castanha de caju: oportunidades e desafios no contexto do desenvolvimento e sustentabilidade industrial. Química Nova, v.32, p.732-741.

101. McLaughlin, J., Balerdi, C., Crane, J., 2009. El maranon (*Anacardium occidentale*) en Florida. Disponível em http//:edis.ifas.ufl.edu – Acessado em 23/08/2011.

102. Melo-Cavalcante, A.A., Rubensam, G., Picada, J.N., Silva, E.G., Moreira, F.J.C., Henriques, J.A.P., 2003. Mutagenicity, antioxidant potential and antimutagenic activity against hydrogen peroxide of cashew (*Anacardium occidentale*) apple juice and cajuina. Environmental and Molecular Mutagenesis, v.41, p.360-369.

103. Melo-Cavalcante, A.A., Rübensam, G., Erdtmann, B., Brendel, M., Henriques, J.A.P, 2005. Cashew (*Anacardium occidentale*) apple juice lowers mutagenicity of aflatoxin B1 in S. typhimurium TA102. Genetics and Molecular Biology, v.28, p.328-333.

104. Melo-Cavalcante, A.A., Picada, J.N., Rubensam, G., Henriques, J.A.P., 2008. Antimutagenic activity of cashew apple (*Anacardium occidentale* Sapindales, Anacardiaceae) fresh juice and processed juice (cajuína) against methyl methanesulfonate, 4-nitroquinoline N-oxide and benzo[a]pyrene. Genetics and Molecular Biology, v.31, p.759-766.

105. Melo, A.F.M., Santos, E.J.V., Souza, L.F.C., Carvalho, A.A.T., Pereira, M.S.V.. Higino, J.S., 2006. *In vitro* antimicrobial activity of an extract of *Anacardium occidentale* L. against Streptococcus species. Brazilian Journal of Pharmacognosy, v.16, p.202-205.

106. Mendonça, F.A.C., Silva, K.F.S., Santos, K.K., Ribeiro Júnior, K.A.L., Sant' Ana, A.E.G., 2005. Activities of some Brazilian plants against larvae of the mosquito *Aedes aegypti*. Fitoterapia, v.76, p.629-636.

107. Menestrina, M. J., Iacomini, M., Jones, C., Gorin, P.A.J., 1998. Similarity of monosaccharide, oligosaccharide and polisaccharide in gum exudate of *Anacardium occidentale*. Phytochemistry, v.47, p.715–721.

108. Michodjehoun-Mestres, L. Souquet, J.M., Fulcrand, H., Bouchut, C., Reynes, M., Brillouet, J.M., 2009. Monomeric phenols of cashew apple (*Anacardium occidentale* L.). Food Chemistry, v.112, p.851-857.

109. Morais, T.C., Pinto, N.B., Carvalho, K.M.M.B., Rios, J.B., Ricardo, N.M.P.S.,Trevisan, M.T.S., Rao, V.S., Santos, F.A., 2010. Protective effect of anacardic acids from cashew (*Anacardium occidentale*) on ethanol-induced gastric damage in mice. Chemico-biological Interactions, v.183, p.264-269.

110. Moreira, R.C.R., Rabelo, J. M. M., Gama, M. L. A., Costa, J. M. L., 2002. Nível de Conhecimentos sobre leishmaniose tegumentar americana (LTL) e uso de terapias alternativas por populações de uma área endêmica da Amazônia do Maranhão, Brasil. Cadernos de Saúde Pública, v.18, p.187-195.

111. Mota, M.L.R., Thomas, G., Barbosa Filho, J.M., 1985. Anti-inflammatory actions of tannins isolated from the bark of *Anacardium occidentale* L. Journal of Ethnopharmacology, v.13, p.289-300.

112. Mukhopadhyay, A. K., Hati, A. K., Tamizharasu, W., Babu, P. S., 2010. Larvicidal properties of cashew nut shell liquid (*Anacardium occidentale* L) on immature stages of two mosquito species. Journal of Vector Borne Diseases, v.47, p.257-260.

113. Muroi, H., Kubo, I., 1993. Bactericidal activity of anacardic acids against *Streptococcus mutans* and their potentiation. Journal of Agricultural and Food Chemistry, v.41, p.1780-1783.

114. Muroi, H., Kubo, A., Kubo, I., 1993. Antimicrobial activity of cashew apple flavor compounds. Journal of Agricultural and Food Chemistry, v.41, p.1106-1109.

115. Musa, D. A., Yusulf, G.O., Ojogbane, E.B., Nwodo, F.O.C., 2010. Screening of eight used in folkloric medicine for the treatment of typhoid fever. Journal of Chemical and Pharmaceutical Research, v.2, p.7-15.

116. Musa, D. A., Nwodo, F.O.C., Yusulf, G.O., 2011. A comparative study of the antibacterial activity of aqueous ethanol and chloroform extracts of some selected medicinal plants used in Igalaland of Nigeria. Der Pharmacia Sinica, v.2, p.222-227.

117. Mustapha, Y., Hafsat, S., 2007. Antibacterial activities of *Anacardium occidentale* (L.) leaf extract against some selected bacterial isolates. International of Journal Pure and Applied Sciences, v.1, p.40-43.

118. Muzyka, B.C., 2005. Oral fungal infections. The Dental Clinics of North America, v.49, p.49-65.

119.Odds, F.C., 1994. Pathogenesis of Candida infections. Journal of the American Academy of Dermatology, v.31, p.52-55.

120.Oforik-wakye, K., Asantewaa, Y., Kipo, S. L., 2010. Physicochemical and binding properties of cashew tree gum in metronidazole tablet formulations. International Journal of Pharmacy and Pharmaceutical Sciences, v.2, p.105-109.

121.Ojewole, J.A.O., 2003. Laboratory evaluation of the hypoglycemic effect of *Anacardiumoccidentale* Linn. (Anacardiaceae) stem-bark extracts in rats. Methods of Finding & in Experimental & Clinical Pharmacology, v.25, p.199-204.

122.Okojie, V.U., Osuide, M.O., Aigbokhian, A., 2010. A study of some physicochemical characteristic of cashew tree exudate *Anacardium occidentale*. Advances in Natural and Applied Science Research, v.8, p.259-263.

123.Okonkwo, T.J.N., Okorie, O., Okonta, J. M., Okonkwo, C.J., 2010. Sub-chronic hepatotoxicity of *Anacardium occidentale* (Anacardiaceae) inner stem bark extract in rats. Indian Journal of Pharmaceutical Sciences, v.72, p.353-357.

124.Olajide, O.A., Aderogba, M.A., Adedapo, A.D.A., Makinde, J.M., 2004. Effects of *Anacardium occidentale* stem bark extract on *in vivo* inflammatory models. Journal of Ethnopharmacology, v.95, p.139-142.

125.Olatunji, L.A., Okwusidi, J.I., Soladoye, A. O., 2005. Antidiabetic effect of *Anacardium occidentale* stem-bark in fructose-diabetic rats. Pharmaceutical Biology, v.43, p.589-593.

126.Oliveira, M.S.C., Morais, S.M., Magalhães, D.V., Batista, W.P., Vieira, I.G.P., Craveiro, A.A., Menezes, J.E.S.A., Carvalho, A.F.U., Lima, G.P.G., 2011. Antioxidant, larbvicidal and antiacetylcholinesterase activities of cahew nut shell liquid constituents. Acta Tropica, v.117, p.165-170.

127.Omojasola, P.F., Awe, S., 2004. The antibacterial activity of the leaf extracts of Anacardium occidentale and gossypium hirsutum against some selected microorganisms. Bioscience Research Communications, v.16, p.25-28.

128.Oparaeke, A.M., Bunmi, O.J., 2006. Insecticidal potential of cashew *(Anacardium occidentale* L.) for control of the beetle, *Collosobruchus subinnotatus* (Pic.) (Bruchidae) on bambarra-groundnut *(Voandzeia subterranean* L.) verde. Archives of Phytopathology and Plant Protection, v.39, p.247-251.

129.Paiva, J. R., Crisóstomo, J. R., Barros, L. M. Recursos genéticos do cajueiro: coleta, conservação, caracterização e utilização. Fortaleza: Embrapa Agroindustrial Tropical, 2003. 43p.

130. Paramashivappa, R., Kumar, P.P., Vithayathil, P.J., Rao, A.S., 2001. Novel method for isolation of major phenolic constituents from cashew (*Anacardium occidentale* L.) nut shell liquid. Journal of Agricultural and Food Chemistry, v.49, p.2548-2551.

131. Patil, M.B., Jalalpure, S.S., Pramod, H.J., Manvi, F.V., 2003. Antiinflammatory activity of the leaves of *Anacardium occidentale* Linn. Indian Journal of Pharmaceutical Sciences, v.65, p.70-72.

132. Paula, R.C.M., Rodrigues, J.F., 1995. Composition and rheological properties of cashew gum, the exudate polysaccharide from *Anacardium occidentale*. Carbohydrate Polymer, v.26, p.177–181.

133. Pereira, J.V., Sampaio, F.C., Pereira, M.S.V., Melo, A.F.M., Higino, J.S., Carvalho, A.A.T., 2006a. *In vitro* antimicrobial activity of an extract from *Anacardium occidentale* Linn. on *Streptococcus mitis*, *Streptococcus mutans* and *Streptococcus sanguis*. Odontologia Clínico-Científica, v.5, p.137-141.

134. Pereira, M.S.V., Rodrigues, O.G., Feijó, F.M., Athayde, A.C.R., Lima, E.Q., Sousa, M.R.Q., 2006b. Atividade antimicrobiana de extratos de plantas no semi-árido paraibano. Agropecuária Científica no Semi-árido, v.2, p.37-43.

135. Pereira, C. Q., Lavinas, F. C., Lopes, M. L. M., Valente-Mesquita, V. L., 2008. Industrialized cashew juices: variation of ascorbic acid and other physicochemical parameters. Ciência e Tecnologia de alimentos, v.28 (Supl.), p.266-270.

136. Pinhati, H.M.S., Moura, E.B., Damasceno, C.M.G., 2010. Bactérias multirresistentes: enfoque sobre os gram-negativos hospitalares. Brasília Médica, v.47, p.460-464.

137. Pinto, G.L., Martinez, M., Mendoza, J.A., Ocando, E., Rivast, C., 1995. Comparison of three anacardiaceae gum exudates. Biochemical Systematics and Ecology, v.23, p.151-156.

138. Queiroz, C., Silva, A.J.R., Lopes, M.L.M., Fialho, E., Valente-Mesquita, V.L., 2011. Polyphenol oxidase activity, phenolic acid composition and browning in cashew apple (*Anacardium occidentale*, L.) after processing. Food Chemistry, v.125, p.128-132.

139. Rajashree, R., Robin, G.A.T., Namashivayam, S.K.R., 2011. First report of antimicrobial activity of seed coat extract from *Anacardium occidentale* L. (Cashew nut) on bacteria and phytopathogenic fungi. Journal of Herbal and Medicinal Plants, v. 1, p.23-35.

140. Razali, N., Rasab, R., Junit, S.M., Aziz, A.A., 2008. Radical scavenging and reducing properties of extracts of cashew shoots. Food Chemistry, v.111, p.38-44.

141. Rodrigues, F. H. A., Feitosa, J. P. A., Ricardo, N. M. P. S., França, F. C. F., Carioca, J. O. B., 2006. Antioxidant activity of cashew nut Shell liquid (CNSL) derivatives on the thermal oxidation of synthetic cis-1,4-polysoprene. Journal of the Brazilian Chemical Society, v.17, p.265-271.

142. Rodrigues, E., 2007. Plants of restricted use indicated by three cultures in Brazil (Caboclo-river Dweller, Indian and Quilombola). Journal of Ethnopharmacology, v.111, n.2, p.295-302.

143. Rodrigues, F.H.A., França, F.C.F., Souza, J.R.R., Ricardo, N.M.P.S., Feitosa, J.P.A., 2011. Comparison between physico-chemical properties of the technical cashew nut shell liquid (CNSL) and those natural extracted from solvent and pressing. Polímeros, v.21, p.156-160.

144. Sajilata, M. G.; SinghaL, R. S., 2006. Effect of irradiation and storage on the antioxidative activity of cashew nuts. Radiation Phisics and Chemistry, v.75, p.297-300.

145. Santos, N.Q., 2004. A resistência bacteriana no contexto da infecção hospitalar. Texto Contexto Enfermagem, v.13, p.64-70.

146. Santos, R.P., Santiago, A.A.X., Gadelha, C.A.A., Cajazeiras, J.B., Santos, R.P., Freire, V.N., 2007a. Production and characterization of the cashew (Anacardiumoccidentale L.) peduncle bagasse ashes. Journal of Food Engineering, v.79, p.1432-1437.

147. Santos, E.B., Slusarz, P.A.A., Kozlowski Junior, V.A., Schwartz, J.P., 2007b. Antimicrobial effectiveness of natural products against microorganisms related to bacterial endocarditis. Publicatio UEPG Biology Health Sciences, v.13, p.67-72.

148. Santos, G.H.F., Silva, E.B., Silva, B.L., Sena, K.X.F.R., Lima, C.S.A., 2011a. Influence of gamma radiation on the antimicrobial activity of crude extrats of Anacardium occidentale L., Anacardiaceae, rich in tannins. Revista Brasileira de Farmacognosia, v. 21, p.444-449.

149. Santos, R.P., Marinho, M.M., Sá, R.A., Martins, J.L, Teixeira, E.H., Alves, F.C.S., Ramos, V.S.C., Sousa, G.S., Cavada, B.S., Santos, R.P., 2011b. Compositional analysis of cashew (Anacardium occidentale L.) peduncle bagasse ash and its in vitro antifungal activity against Fusarium species. Revista Brasileira de Biociências, v.9, p.200-205.

150. Sathawane, P.N., Patel, D.L., Kasture, V.S., Kasture, S.B., Pal, S.C., 1997. Antimicrobial activity of extracts of *Anacardium occidentale*. Indian Drugs, v.34, p.459-462.

151. Satih, S., Raghavendra, M.P., Raveesha, K.A., 2008. Evaluation of the antibacterial potential of some plants against human pathogenic bactéria. Advances in Biological Research, v.2, p.44-48.

152. Satih, S., Raghavendra, M.P., Raveesha, K.A., 2009. Antifungal potentiality of some plants extrats against *Fusarium sp.* Archives of Phytopathology and Plant Protection, v. 42, p.618-625.

153. Satih, S., Raghavendra, M.P., Raveesha, K.A., 2010. Screening of plants for antibacterial activity against *Shigella* species. International Journal of Integrative Biology, v.9, p.16-20.

154. Schmourlo, G., Mendonça-Filho, R.R., Alviano, C.S., Costa, S.S., 2005. Screening of antifungal agents using ethanol precipitation and bioautography of medicinal and food plants. Journal of Ethnopharmacology, v.96, p.563-568.

155. Setianto, W.B., Yoshikawa, S., Smith Jr, R.L., Inomata, H., Florusse, L. J., Peters, C.J., 2009. Pressure profile separation of phenolic liquid compounds from cashew (*Anacardium occidentale*) shell with supercritical carbon dioxide and aspects of its phase equilibria. The Journal of Supercritical Fluids, v.48, p.203-210.

156. Shobha, S.V., Ramadoss, C.S., Ravindranath, B., 1994. Inhibition of soybean lipoxygenase-1 by anacardic acids, cardols, and cardonols. Journal of Natural Products, v.57, p.1755-1757.

157. Silva, J.G., Souza, I.A., Higino, J.S., Siqueira-Júnior, J.P., Pereira, J.V., Pereira, M.S.V., 2007. Antimicrobial activity of the hydroalcoholic extract of *Anacardium occidentale* Linn. Against multi-drug resistant strains of *Staphylococcus aureus*. Brazilian Journal of Pharmacognosy, v.17, p.572-577.

158. Silva, AB; Teixeira, LM; Galdino, RMN. Atividade antibacteriana *in vitro* do extrato hidroalcoólico de *Anacardium occidentale* Linn. Disponível em http://eventosufrpe.com.br/jepex2009/cd/resumos/R0177-1.pdf - acessado em 24/11/2010.

159. Silva, T. A.; Guerra, R. N. M. Processo para obtenção de flores de *Anacardium occidentale* L. (cajueiro), extrato hidro-alcóolico, liofilizado, seco por atomização, chá, suas composições farmacêuticas e uso terapêutico. Disponível em:

http://revista.inpi.gov.br/INPI_UPLOAD/Revistas/PATENTES2085.pdf,   p.100. Acesso em 15/05/2011.

160. Sivagurunathan, P., Sivasankari, S., Muthukkaruppan, S.M., 2010. Characterisation of cashew apple (*Anacardium occidentale* L.) fruits collected from Ariyalur district. Journal of Biosciences Research, v.1, p.101-107.

161. Sokeng, S.D., Lontsi, D., Moundipa, P.F., Jatsa, H.B., Watcho, P., Kamtchouing, P., 2007. Hypoglycemic effect of *Anacardium occidentale* L. methanol extract and fractions on streptozotocin-induced diabetic rats. Global Journal of Pharmacology, v.1, p.1-5.

162. Souza, C. P.; Mendes, N. M.; Jannotti-Passos, L. K.; Pereira, J. P. 1992. O uso da casca da castanha do caju, *Anacardium occidentale*, como moluscicida alternativo. Revista do Instituto de Medicina Tropical, v. 34, p.459-466.

163. Sullivan, J.T., Richards, C.S., Lloyd, H.A., Krishna, G., 1982. Anacardic acid: molluscicide in cashew nut shell liquid. Journal of Medicinal Plant Research, v.44, p.175-177.

164. Tedong, L., Dimo, T., Dzeufiet, P.D.D., Asongalem, A.E., Sokeng, D.S., Callard, P., Flejou, J.F., Kamtchouing, P., 2006. Antihyperglycemic and renal protective activities of *Anacardium occidentale* (Anacardiaceae) leaves in streptozotocin induced diabetic rats. The African Journal of Traditional, Complementary and Alternative Medicines, v. 3, p.23-35.

165. Tédong, L., Dzeufiet, D.P.D., Dimo, T., Asongalem, A.E., Sokeng, S.N., Flejou, J.F., Callard, P., Kamtchouing, P., 2007. Effet de l'extrait à l'hexane des feuilles d'*Anacardiumoccidentale* L. (Anacardiacées) sur la fonction de reproduction chez les rats rendus diabétiques par la streptozotocine. Phytothérapie, v.5, p.182-193.

166. Torquato, D.S., Ferreira, M.L., Sá, G.C., Brito, E.S., Pinto, G.A.S., Azevedo E.H.F., 2004. Evaluation of antimicrobial activity of cashew tree gum. World Journal of Microbiology & Biotechnology, v.20, p.505-507.

167. Toyomizu, M., Sugiyama, S., Jin, R.L., Nakatsu, T., 1993. α-Glucosidase and aldose reductase inhibitors: constituents of cashew, *Anacardium occidentale*, nut shell liquids. Phytotherapy Research, v.7, p.252-257.

168. Trevisan, M.T.S., Pfundstein, B., Haubner, R., Würtele, G., Spiegelhalder, B., Bartsch, H., Owen, R.W., 2006. Characterization of alkyl phenols in cashew (*Anacardium occidentale*) products and assay of their antioxidant capacity. Food and Chemical Toxicology, v.44, p.188-197.

169. Trox, J., Vadivel, V., Vetter, W., Stuetz, W., Scherbaum, V., Gola, U., Nohr, D. Biesalski, H.K., 2010. Bioactive compounds in cashew nut (*Anacardium occidentale* L.) kernels: effect of different shelling methods. Journal of Agriculture and Food Chemistry, v.58, p.5341-5346.

170. Ushanandini, S., Nagaraju, S., Nayaka, S.C., Kumar, K.H., Kemparaju, K., Girish, K.S., 2009. The anti-ophidian properties of *Anacardium occidentale* bark extract. Immunopharmacology and Immunotoxicology, v.31, p.607-615.

171. Vanderlinde, F.A., Landim, H.F., Costa, E.A., Galdino, P.M., Maciel, M.A.M., Anjos, G.C., Malvar, D.C., Côrtes, W.S., Rocha, F.F., 2009. Evaluation of the antinociceptive and anti-inflammatory effects of the acetone extract from *Anacardium occidentale* L. Brazilian Journal of Pharmaceutical Sciences, v.45, p.437-442.

172. Vicent, O. S., Adewale, I.T., Dare, O., Rachael, A., Bolante, J.O., 2009. Proximate and mineral composition of roasted and defatted cashew nut (*Anacardium occidentale*) flour. Pakistan Journal of Nutrition, v.8, p.1649-1651.

173. Virboga – *Anacardium occidentale* - 10 Jun 2005. Disponível em: http:/www. virboga.de/Anacardium_occidentale.htm.Acesso em:18/10/2011.

174. Wanderley, L. R., Santos, A. L. A., Silva Filho, A.V., Cordeiro, L. N., Souza, L. B. S., Santana, W. J., Coutinho, H. D. M., 2003. Resistência de *Pseudomonas aeruginosa* e outras bactérias Gram-negativas a drogas antimicrobianas. Unimar Ciências, v.12, p.33-40.